行业学院产教融合规划教材

U0166343

复旦卓越·21世纪烹饪与营养系列

鸡尾酒的调制与鉴赏

主　　编　潘雅芳

副 主 编　陈爱妮

参编人员　何立萍　袁　薇　范轶琳　陈　嵩　周宏斌　叶锋等

TWENTY-FIRST CENTURY COOKING AND NUTRITION SERIES

复旦大學 出版社
www.fudanpress.com.cn

编写委员会

主　任　章　清　熊　雄
副主任　朱红缨　侯　欢　黄秋波
总　编　潘雅芳

成　员（排名不分先后）
　　　　徐顺雨　崔光永　吴卫芬　王　玲　叶智校

前言
QIAN YAN

　　《鸡尾酒的调制与鉴赏》是由浙江树人大学和杭州柏悦酒店、杭州西湖国宾馆等单位合作编著完成的，是浙江树人大学行业学院产教融合应用性课程和教材建设的成果。本书可用作旅游管理、酒店管理本科、专科专业相关课程的理论教学和高星级酒店、各类专业酒吧、培训机构培训的教材和参考书。

　　本书有三个显著特点：一是将鸡尾酒调制理论知识系统化，突出鸡尾酒调制文化；二是图文并茂，强调鸡尾酒调制的实操性和应用性；三是选编的鸡尾酒优秀作品新颖独特，是浙江省杭州市调酒技能大赛获奖作品，具有行业领先水平。

　　本书由四个部分组成：第一部分为"鸡尾酒调制基础知识"，介绍了鸡尾酒的概念与起源、分类、基本结构、命名、调制器具、调制原则和方法、色彩配制、口味配制等；第二部分为"鸡尾酒基酒知识"，介绍了白兰地、威士忌、金酒、伏特加、朗姆酒、特基拉和配制酒等鸡尾酒调制所用基酒的知识，着重介绍了这些基酒的概念、特点、分类、名品和品饮方式；第三部分为"鸡尾酒调制实例"，介绍了以白兰地、威士忌、金酒、伏特加、朗姆酒、特基拉和配制酒为基酒调制的多款经典鸡尾酒和创新鸡尾酒，着重介绍每款鸡尾酒调制所用的原料、载杯、调制方法、装饰、典故或特点，并配有图片；第四部分为"鸡尾酒创新优秀作品鉴赏"，介绍了多款在历年浙江省杭州市饭店服务技能大赛（调酒项目）和中华茶奥会"茶＋调饮赛"中获奖的鸡尾酒作品，以及杭州西湖国宾馆、杭州柏悦酒店提供的网红鸡尾酒作品，同时也选编了学生创作的鸡尾酒作品。

　　本书的分工情况如下。文字部分：潘雅芳教授（浙江树人大学）负责第一部分、第二部分、第三部分和第四部分第12幅作品的编写；何立萍副教授（浙江旅游职业学院）负责第四部分第1—8幅作品的编写；陈嵩（杭州柏悦酒店）负责第四部分第9—11幅作品的编写，袁薇负责第四部分第13—15幅作品的编写。图片部分：第一部分与第三部分鸡尾酒作品由潘雅芳教授调制，黄玉英副教授、杨绎韧同学（浙江树人大学）拍摄（标明选送单位的鸡尾酒作品除外）。第四部分的鸡尾酒作品由杭州柏悦酒店、杭州西湖国宾馆、杭州开元名都大酒店、浙江世贸君澜大酒店、浙江西子宾馆、杭州海外海皇冠大酒店等单位提供。陈爱妮老师负责统稿。第一部分、第二部分部分图片选编出处

Ji Wei Jiu De Tiao Zhi Yu Jian Shang

具体见参考文献。

本书的编写、出版得到了上海山屿海投资集团、浙江山屿海旅游发展股份有限公司的大力支持,在此表示感谢。同时感谢所有提供文字和图片材料的单位和个人。

书中如有疏漏不当之处,敬请广大读者不吝赐教。

目录
MU LU

第三部分　鸡尾酒调制实例

第四部分　鸡尾酒创新优秀作品鉴赏

第一部分

鸡尾酒调制基础知识

鸡尾酒概述

第一节　鸡尾酒的概念与起源

一、鸡尾酒的概念

鸡尾酒是以一种或几种烈酒（主要是蒸馏酒和酿造酒）作为基酒，再与其他配料（如汽水、果汁等）一起用一定方法调制而成的混合性饮料。

二、鸡尾酒的起源和发展

鸡尾酒英文名称为cocktail，即公鸡的尾巴。它的起源有很多种说法，比较流行的一种说法是纽约州埃尔姆斯福一位名叫贝特西·弗拉纳根（Betsy Flanagan）的酒馆老板首创了这个词。在1777年的一天，这家酒馆各种酒都快卖完的时候，一群法国军官进来要买酒喝，于是他把所有剩酒统统倒在一个大容器里，并随手从一只大公鸡身上拔了一根羽毛把酒搅匀端出来奉客。军官们看看这酒的成色，却品不出是什么酒的味道，于是就问贝特西酒的名称，贝特西随口回答："这是鸡尾酒！"一位军官听了这个词，高兴地举杯祝酒，还喊了一声："鸡尾酒万岁！"从此便有了"鸡尾酒"之名。

第一次有关"鸡尾酒"的文字记载是在1806年，一本叫《平衡》的美国杂志记载了鸡尾酒是用烈酒、苦味剂和糖混合而成的饮料。1862年，调酒之父Jerry Thomas（他是鸡尾酒发展的关键人物之一）出版了关于鸡尾酒的专著 *How to Mix Drinks*，使鸡尾酒成为当时最流行的酒吧饮料。1882年，Hally Johnson著有 *Bartender's Manual* 一书，该书记载了当时最流行的鸡尾酒，如"曼哈顿"等。到20世纪初，由于美国施行禁酒法规，鸡尾酒很快流行起来，1920—1937年被称为"美国的鸡尾酒时代"。鸡尾酒在美国流行后被带到英国和世界各地，第二次世界大战后，鸡尾酒成为人们休闲、社交的一种媒介。鸡尾酒之所以流行，一是因为其所具有的特殊的色、香、味能够吸引众多的消费者；二是烈酒稀释淡化后能被大多数人，尤其是女士所喜爱。

鸡尾酒不仅具有酒的基本特性，能够增强血液循环，使人心情舒畅、摆脱疲劳，而

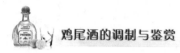

且还具有营养、保健作用。鸡尾酒以其多变的口味、华丽的色泽、美妙的名称,满足了现代人对浪漫世界的遐想。

第二节 鸡尾酒的分类

一、按含酒精多少分

（一）长饮

长饮是指基酒所占比重低、辅料(如汽水、果汁等)含量高的低酒精饮料,酒精含量一般为8%左右。例如,"咸狗"(Salty Dog,图1.1)。

（二）短饮

短饮是指基酒所占比重在50%以上,有的甚至达70%—80%的高酒精度饮料,这类饮品酒精含量在28%左右。例如,"曼哈顿"(Manhattan,图1.2)。

图1.1 咸狗

图1.2 曼哈顿

二、按饮用时间分

（一）餐前鸡尾酒

餐前鸡尾酒是指在正餐前饮用的鸡尾酒,要求具有开胃作用,不甜。例如,"马天尼"(Martini,图1.3)。

"马天尼"是一款经典的餐前鸡尾酒,属于一款短饮,它的调配原料为金酒和干味美思。其中,金酒是基酒,属于蒸馏酒,酒精度较高;干味美思是配料,是一种葡萄酒调配的配制酒,不甜,含有一种特殊的草药味美思(vermouth)。这款鸡尾酒酒精含量较高,在餐前饮用能促进人的食欲。

（二）餐后鸡尾酒

餐后鸡尾酒是指在正餐后饮用的鸡尾酒，要求口味较甜，具有助消化、健胃的功能。例如，"黑俄罗斯"（图1.4）。

"黑俄罗斯"是一款经典的餐后鸡尾酒，属于一款短饮，它的调配原料是伏特加和咖啡利口酒。其中，伏特加是基酒，属于蒸馏酒，酒精度较高；咖啡利口酒是配料，是一种餐后甜酒，在调制时加蜂蜜甜化处理，带有浓郁的咖啡香味。这款鸡尾酒甜香可口，宜于餐后饮用。

（三）休闲场合鸡尾酒

休闲场合鸡尾酒是指在游泳池、保龄球场、台球厅等一些休闲场所提供的鸡尾酒，要求酒精含量低或者是无酒精饮料，以清凉、解渴的饮料为佳，一般为果汁混合饮料、碳酸混合饮料等。

图1.3　马天尼

图1.4　黑俄罗斯

三、按是否含有酒精分

（一）硬性饮料（Alcoholic Drinks）

硬性饮料是指含酒精的鸡尾酒。

（二）软性饮料（Non-alcoholic Drinks）

软性饮料是指不含酒精的鸡尾酒。

第三节　酒谱与鸡尾酒的基本结构

一、酒谱

酒谱即鸡尾酒的配方，是鸡尾酒调制的方法和说明。常见的酒谱有两种：一种是标准酒谱；另一种是指导性酒谱。

标准酒谱是某一个酒吧所规定的酒谱。这种酒谱是在酒吧所拥有的原料、用杯、调酒用具等同一条件下做的具体规定。任何一个调酒师都必须严格按酒谱所规定的原料、用量及程序去操作。标准酒谱是一个酒吧用来控制分量和质量的基础，也是做好酒吧管理和控制的保障。指导性酒谱是作为大众学习和参考之用的，因为这类酒谱所规定的原料、用量等都要根据实际所拥有的条件来作出修改。

二、鸡尾酒的基本结构

鸡尾酒是由基酒、辅料、附加料、调法、用杯、装饰物等组成的。

（一）基酒

基酒主要是烈性酒，确定了鸡尾酒的基本特征或口味。例如，伏特加、白兰地、威士忌、金酒、朗姆酒等。

（二）辅料

辅料对基酒起稀释作用并改善或增加原口味。例如，碳酸饮料：苏打水、干姜水、汤力水、七喜、可乐、雪碧等；果汁饮料：橘汁、西红柿汁、西柚汁、菠萝汁、石榴汁、柠檬汁、酸橙汁等；其他辅料：糖浆、鸡蛋等。

（三）附加料

附加料所占成分很少，起调色或调味作用。例如，辣椒油、辣酱油、盐、糖、苦精、香料、豆蔻、桂皮、胡椒等。

（四）调法

调法是指鸡尾酒的调制方法和程序。一般有摇混法、调和法、兑和法和电动调和法。

（五）用杯

用杯是指鸡尾酒的载杯，根据饮料特点来选用不同大小、形状的杯具。例如，三角杯、海波杯、柯林斯杯、古典杯、玛格丽特杯、马天尼杯、葡萄酒杯和其他特色杯具等。

（六）装饰物

装饰物对鸡尾酒起装饰和点缀的作用。

1. 水果边

水果边是指用柠檬片、青柠角、橘子瓣、菠萝块、樱桃、橄榄、鸡尾洋葱、黄瓜皮、芹菜、薄荷叶等作装饰。

2. 雪花边（Snow Frosting）

雪花边是指先用青檬片将杯口沾湿，然后再将杯口倒置在放有糖、盐等的小碟上转一圈沾边，从而产生雪花般的装饰效果，如糖边、盐边。

3. 珊瑚边（Coral Style）

珊瑚边是指将酒杯（一般为香槟杯）外围制作成一个圆柱形的糖边或盐边。制作珊瑚边分为四步：① 在一个较宽（能让香槟杯插进去就好）的酒杯中倒入草莓利口酒或糖浆;② 把香槟杯笔直地倒置插入蘸上利口酒;③ 在另一个较宽的酒杯中放入一定量的砂糖,再把蘸有利口酒的香槟杯笔直插入这个酒杯中;④ 缓慢地拿起香槟杯,用干抹布小心地擦去杯内壁的砂糖。

三、鸡尾酒的单位换算

鸡尾酒的单位换算,如表1.1所示。

表1.1　鸡尾酒的单位换算

单 位 名 称	英 文 名	盎司(oz)	毫升(ml)
1盎司(液体)	Ounce(oz)		30(28.35)毫升
1茶匙(吧匙)	Tea Spoon(tsp)	1/8盎司	4毫升
1汤匙	Table Spoon(tbsp)	3/8盎司	12毫升
1滴	Drop		0.1毫升
几滴(5—6滴)	Dash		0.6毫升

第四节　鸡尾酒的命名

鸡尾酒的命名方式主要有以下六种。

一、根据原料命名

鸡尾酒的名称以包含饮品的主要原料命名,如"金汤力"(Gin & Tonic,图1.5)。

"金汤力"是一款味道很特别的鸡尾酒,也是世界上最受欢迎的鸡尾酒之一。最初的汤力水是专门用来给热带地区的居民治疗疟疾的,其中奎宁的浓度非常高,使人难以入口。后来,人们发现金酒虽然不甜,但是能很神奇地将汤力水的药苦味调和到一种微苦而清香的状态,这就是最初的"金汤力"。

图1.5　金汤力

二、根据颜色命名

鸡尾酒的名称以调制好的饮品的颜色命名,如"红粉佳人"(Pink Lady,图1.6)。

"红粉佳人"鸡尾酒是1912年在伦敦上演的一部很火的舞台剧《红粉佳人》中,女主角捧在手中的鸡尾酒。鸡尾酒中粉色正是浪漫爱情的象征,寓意可以为美丽的女士们带来爱情。粉色是原料中石榴糖浆和奶油混合的颜色,而鸡蛋清是用来增加泡沫的。

三、根据味道命名

鸡尾酒的名称以其主要味道命名,如"威士忌酸"(Whisky Sour,图1.7)。

"威士忌酸"鸡尾酒起源于美国。从1870年开始,"威士忌酸"在美国鸡尾酒历史里繁盛了一整个世纪,是最经典的鸡尾酒之一,也是威士忌最具代表性的调酒。用威士忌做基酒,再加以鲜柠檬汁、糖浆,酸味和甜味相得益彰,由于冰块的使用,让过于鲜明刺激的酸味找到了变柔和的方法。

图1.6 红粉佳人

图1.7 威士忌酸

四、根据装饰特点命名

鸡尾酒的名称以其装饰特点来命名,如"马颈"(Horse Neck,图1.8)。

"马颈"鸡尾酒源于19世纪欧美各国农民秋收后举行庆祝活动时所喝的鸡尾酒。其以削成细长螺旋状的柠檬皮挂在杯口作装饰,因形状像马颈,由此而得名。

图1.8　马颈

五、根据典故来命名

很多鸡尾酒具有特定的典故,如"自由古巴"(Cuba Liber,图1.9)。

"自由古巴"鸡尾酒起源于1900年,是以朗姆酒为基酒并兑上适量的可乐而成。1902年,古巴人民进行了反对西班牙的独立战争,在这场战争中,他们使用"Cuba Liber"(即自由的古巴万岁)作为纲领性口号,于是便有了这款名为"自由古巴"的鸡尾酒。这款鸡尾酒加入可乐后口感轻柔,很适合在海滩酒吧饮用。

六、根据酒品的其他特征命名

一些鸡尾酒根据酒品的某一特征命名,如"雾酒"(Mist,图1.10)。

"雾酒"鸡尾酒主要根据饮品中加冰块搅拌会使酒杯上起一层雾来命名。

图1.9　自由古巴

图1.10　雾酒

第二章 鸡尾酒调制规则

第一节　鸡尾酒调制器具

一、调酒和倒酒器具

（一）量杯（Jigger）

量杯是调制鸡尾酒时用来量取各种液体的标准容量杯，又称盎司杯。

量杯两头呈漏斗状，一头大而另一头小。常用的量标组合型号有：0.5盎司和1盎司；1盎司和1.5盎司。1盎司约等于30毫升。选用量杯时，应把酒倒满量杯的边沿。

（二）调酒杯（Mixing Glass）

调酒杯是一种厚玻璃器皿，用来盛冰块及其他各种饮料成分，分为有刻度和没刻度的，容量一般为16—17盎司。

（三）滤冰器（Strainer）

滤冰器的作用是阻止冰块进入酒杯。它的使用方法是：用调酒壶调好鸡尾酒后，在将其倒出时，把滤冰器放在壶口处滤去其中的冰块。

（四）调酒壶（Hand Shaker）

调酒壶又称为雪克杯，可以把鸡尾酒中的各种材料有效地混合到一起。调酒壶有两种类型：一种是英式雪克杯，国际上常用规格是250毫升、350毫升和530毫升，由壶盖、滤冰器和瓶身组成；一种是美式波士顿调酒壶，容量为1 000毫升。

（五）电动搅拌机（Electric Blender）

电动搅拌机主要用于打碎鸡尾酒中不易被融合的原料（如水果、奶油、冰块等），使它们能够用吸管直接喝到。

（六）榨汁器（Squeezer）

榨汁器专门用来榨含果汁丰富的水果，如柠檬、青柠、橘子、橙子等。

（七）调酒匙（Cocktail Spoon）

调酒匙也称为吧匙，是一种柄身带螺旋纹且尾端有小叉的长匙，其作用是将杯中的饮料混合调匀。调酒匙的长度一般为25—28厘米,容量为3.5毫升。

（八）冰桶（Ice Bucket）

冰桶主要用于盛放冰块以及冷却需要在冰爽状态下品尝的白葡萄酒或香槟酒。

（九）冰夹（Ice Tongs）

冰夹是用于夹取冰块的不锈钢工具。冰夹和水果夹不同的地方是冰夹两端带有锯状的铁齿。

（十）冰勺（Ice Scoop）

不锈钢的冰勺容量为6—8盎司,用来从冰柜中舀出各种标准大小的冰块。

（十一）酒嘴（Pourer）

酒嘴安装在酒瓶口上,用来控制倒出的酒量。

（十二）碾棒（Muddling Stick）

碾棒的一头是平的,用来将固状物（如薄荷叶）碾碎或捣成糊状;另一头是圆的,用来碾碎冰块。

（十三）宾治盆（Punch Bowl）

宾治盆是用玻璃制成的,用来调制量大的混合饮料的容器,容量大小不等。

调酒和倒酒器具,如图2.1—图2.14所示。

图2.1　量杯

图2.2　调酒杯

图2.3　滤冰器

图2.4　英式调酒壶

图2.5　美式调酒壶

图2.6　电动搅拌机

图2.7　榨汁器

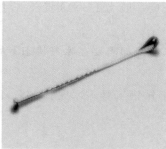

图2.8　调酒匙

图2.9　冰桶

图2.10　冰夹

图2.11　冰勺

图2.12　酒嘴

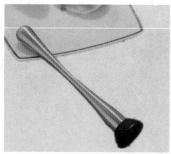

图2.13　碾棒

图2.14　宾治盆

二、装饰准备用具

用水果或其他食物来装饰饮料，可以增进饮酒气氛。进行装饰准备所使用的工具主要有砧板、装饰叉、削皮刀等（图2.15—图2.20）。

（一）开塞钻（Corkscrew）

开塞钻主要用于开启葡萄酒瓶的软木塞。

（二）水果刀（Fruit Knife）

水果刀主要用来切割水果。

（三）削皮刀（Zester）

削皮刀是专门为装饰饮料而用来削柠檬皮等的特殊用刀。

（四）砧板（Cutting Board）

常用的砧板有塑料和木制两种。

（五）装饰叉（Decorative Fork）

装饰叉常用来把洋葱和橄榄等叉起来放进鸡尾酒杯中作装饰。

（六）鸡尾酒杯垫（Cocktail Napkin）

鸡尾酒杯垫是垫在饮料杯下面的垫子，一般有各种材质。

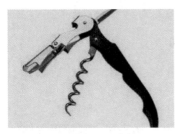

图2.15　开塞钻

图2.16　水果刀和砧板

图2.17　削皮刀

图2.18　装饰叉

图2.19　鸡尾酒装饰伞

图2.20　鸡尾酒杯垫

三、载杯

为了要营造气氛，品鸡尾酒的时候选用相应的酒杯非常重要。不同的酒要用不同形状的杯来展示酒品的风格和情调。不同饮品用杯大小、容量不同，这是由鸡尾酒的分量、特征及装饰要求来决定的。合理选用酒杯的质地、容量及形状，不仅能展现出酒的典雅和美观，而且能增加饮酒的氛围（图2.21—图2.36）。

（一）平底杯（Flat Bottom Glass）

1. 古典杯（Classic Glass）

古典杯底平而厚，圆筒形。有些杯口略宽于杯底，容量为6—8盎司，是饮用威士忌及其他蒸馏酒的载杯，也常用于盛载鸡尾酒，是在加冰的情况下饮用蒸馏酒时主要使用的杯子。

2. 高球杯（High Ball Glass）

高球杯又称为海波杯，主要用来盛放Gin&Tonic和Fizz风格的鸡尾酒，杯子的容量为8—10盎司。比柯林斯杯稍矮，较宽。

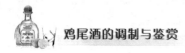

3. 柯林斯杯（Collins Glass）

柯林斯杯形状如海波杯，容量为10—12盎司，在盛放"新加坡司令"等鸡尾酒时会用到这种杯子。

4. 烈酒杯（Liquor Glass）

烈酒杯是在不加冰的情况下饮用除了白兰地以外的蒸馏酒时所用到的杯子，容量在1—2盎司。

（二）高脚杯（Goblet）

1. 红葡萄酒杯（Red Wine Glass）

红葡萄酒杯用于盛放红葡萄酒，容量一般为8—12盎司。

2. 白葡萄酒杯（White Wine Glass）

白葡萄酒杯用于盛放白葡萄酒，容量一般为6—8盎司。

3. 香槟杯（Champagne Glass）

香槟杯主要有三种：长笛形、郁金香形和浅碟形，容量为5—6盎司。长笛形香槟杯杯身可令酒的气泡不易散掉，令香槟更可口。郁金香形香槟杯杯身细长，状似郁金香，杯口收口小而杯肚大，它能拢住酒的香气，一般用于饮用法国香槟地区出产的香槟酒。浅碟形香槟杯杯身圆润、柔和，盛装鸡尾酒，可叠成香槟塔。

4. 鸡尾酒杯（Cocktail Glass）

当今较流行的鸡尾酒杯，属英式器皿，为呈三角形的有脚酒杯，形状典雅，俗称三角杯。美式的鸡尾酒杯容量较英式为多，杯皿呈圆形，杯脚修长。

5. 玛格丽特杯（Margarite Glass）

玛格丽特杯是调制"玛格丽特"鸡尾酒的专用酒杯。"玛格丽特"被称作"鸡尾酒之后"，它是除"马天尼"以外世界上知名度最高的传统鸡尾酒之一。

6. 利口酒杯（Liqueur Glass）

利口酒杯的容量为2—3盎司，杯口窄，杯身为管状，可用来饮用利口酒、彩虹酒等，也可用于伏特加、特基拉、朗姆酒的清尝。

7. 雪利酒杯（Sherry Glass）

雪利酒杯底部有握柄，上方深度与酸酒杯相同，杯口宽，杯壁似"U"字形，容量为2—3盎司，是饮用雪利酒和波特酒时主要使用的杯子。

8. 酸酒杯（Sour Glass）

酸酒杯杯口窄小，体深，杯壁为圆筒形，容量为5盎司左右，专用来盛酸酒类饮品。

（三）矮脚杯（Short Legged Glass）

1. 白兰地杯（Brandy Glass）

白兰地杯的杯脚比葡萄酒杯低，杯肚较大。这是由于品白兰地的时候需要饮酒的人用手中的温度去温暖酒，才会产生出白兰地的香气。同时，杯口呈郁金香形，这是为了阻止白兰地的香气很快地散发出去。

2. 果汁杯（Juice Glass）

果汁杯是用来装果汁的杯子。容量较大,一般超过200毫升。

图2.21　古典杯

图2.22　高球杯

图2.23　柯林斯杯

图2.24　烈酒杯

图2.25　红葡萄酒杯

图2.26　白葡萄酒杯

图2.27　长笛形香槟杯

图2.28　郁金香形香槟杯

15

图2.29　浅碟形香槟杯

图2.30　鸡尾酒杯

图2.31　玛格丽特杯

图2.32　利口酒杯

图2.33　雪利酒杯

图2.34　酸酒杯

图2.35　白兰地杯

（四）其他特色鸡尾酒杯

在崇尚个性、多元化的今天，我们又会被形状别致的鸡尾酒杯吸引。这些酒杯用于创意鸡尾酒的装载，它们独特的造型酝酿着万种风情，让生活散发鸡尾酒的香醇。

图2.36 特色鸡尾酒杯

第二节 鸡尾酒调制原则和方法

一、鸡尾酒调制的基本原则

在调制一杯完美的鸡尾酒时需要遵循以下原则。

（1）饮料须混合均匀。

（2）调制前，应先洗净、擦亮酒杯。酒杯使用前需冰镇。

（3）按照配方的步骤逐步调配。

（4）量酒时必须使用量器，用料量一定要准确。

（5）摇混和搅拌应避免时间过长，防止冰块融化过多而淡化酒味。

（6）用新鲜的冰块。冰块的大小、形状与饮料要求一致。

（7）使用优质的碳酸饮料。要注意碳酸饮料不能放入摇壶里摇。

（8）水果最好选用新鲜柠檬和柑橘。

（9）装饰要与饮料要求一致。

（10）上霜要均匀，杯口不可潮湿。

（11）蛋清是为了增加酒的泡沫，要用力摇匀。

（12）调好的酒应及时饮用。

（13）动作要规范、标准、自然优美、快速有力。

（14）一杯鸡尾酒调制时间一般为1分钟。

二、鸡尾酒调制的方法

鸡尾酒调制的方法主要有四种，即摇混法、兑和法（直接注入法）、调和法（搅拌法）和电动调和法（电动搅拌法）。

（一）摇混法

（1）将饮料放进调酒壶中，通过手臂的摇动来完成各种材料的混合。

（2）调制由不易相互混合的材料构成的鸡尾酒时使用摇混法，如加入鸡蛋、糖浆等。

（3）为了避免摇酒壶中的冰块融化得太快，使冰水冲淡酒的味道，摇酒速度一定要快。

（4）需要的调酒器具：摇酒壶、量杯、载杯、冰桶、冰夹、冰块、装饰物等。

（二）调和法

（1）将各种饮料成分和冰块放进调酒杯中，然后搅拌混合物，调制成鸡尾酒。搅拌的目的是在最少稀释的情况下，把各种成分迅速冷却混合。

（2）调和法是用来调制由易于混合的材料构成的鸡尾酒。

（3）在调酒杯中放入6—8块冰块是使用调和法的最佳用冰形式。

（4）需要的调酒器具：调酒杯、吧匙、量杯、过滤器、载杯、冰块、装饰物等。

（三）兑和法（直接注入法）

（1）把各种饮料成分依次放入杯中，掺兑完成后即可。

（2）适用于调制具有彩色层次的鸡尾酒。一般酒精浓度低的酒在底层；层次越高，所用的酒的酒精浓度越高。多数要用到调酒棒，其主要作用是引流：棒子一端靠在杯的内壁上，酒缓缓地通过棒子从另一端流入杯中。

（3）需要的调酒器具：载杯、量杯、调酒棒、装饰物等。

（四）电动调和法（电动搅拌法）

（1）用电动搅拌机来完成各种材料的混合。

（2）使用电动调和法来调制的鸡尾酒，大多是含有水果、冰激凌和鲜果汁的长饮酒。

（3）调酒时使用的水果，在放入电动搅拌机前一定要切成小块。

（4）最关键的操作：碎冰要最后加入。如果电动搅拌机在高速挡运转大于20秒，会获得一种雪泥状的鸡尾酒。

（5）需要的调酒器具：载杯、量杯、电动搅拌机、冰桶、冰夹、装饰物等。

三、鸡尾酒调制的一般步骤

（1）选择相应名称、形状、大小的酒杯。

（2）准备好冰桶和冰夹，在冰桶中盛放冰块。

（3）确定调酒方法及调酒器具（调酒壶、调酒杯或电动搅拌机、量杯、调酒棒等）。

（4）准备好调酒原料和装饰物。

（5）在调酒盛器中加入冰块以及所需基酒和辅助成分。

（6）用合适的调制方法进行调制。

（7）将调制好的鸡尾酒倒入载杯。

（8）装饰。

四、鸡尾酒调制的规范动作

（一）传瓶、示瓶、开瓶、量酒

1. 传瓶

传瓶是把酒瓶从酒柜或操作台上传到手中的过程。传瓶一般有从左手传到右手和从下方传到上方两种情形。用左手拿住瓶颈部传到右手上，用右手拿住瓶的中间部位；或直接用右手从瓶的颈部上提至瓶中间部位。要求动作快、稳。

2. 示瓶

示瓶是把酒瓶展示给客人。用左手托住瓶下底部，右手拿住瓶颈部，呈45°角把商标面向客人。传瓶至示瓶是一个连贯的动作。

3. 开瓶

用右手拿住瓶身，左手中指逆时针方向向外拉酒瓶盖，用力得当时可一次拉开。并用左手虎口即拇指和食指夹起瓶盖。开瓶是在酒吧没有专用酒嘴时使用的方法。

4. 量酒

开瓶后立即用左手中指、食指和无名指夹起量杯（根据需要选择量杯大小），两臂略微抬起呈环抱状，把量杯放在靠近容器的正前上方约3厘米处，量杯要端平。然后右手将酒倒入量杯，倒满后收瓶口，左手同时将酒倒进所用的容器中。用左手拇指顺时针方向盖上瓶盖，然后放下量杯和酒瓶。

（二）握杯、溜杯、温烫

1. 握杯

古典杯、海波杯、柯林斯杯等平底杯应握杯子下底部，切忌用手掌拿杯口；高脚杯或矮脚杯应拿细柄部；白兰地杯用手握住杯身，通过手传热使其芳香溢出（指客人饮用时）。

2. 溜杯

溜杯是将酒杯冷却后再用来盛酒，通常有以下三种情况。

（1）冰镇杯：将酒杯放在冰箱内冰镇。

（2）放入上霜机：将酒杯放在上霜机内上霜。

（3）加冰块：杯内加冰块使其快速旋转至冷却。

3. 温烫

温烫是指将酒杯烫热后再用来盛酒，通常有以下三种情况。

（1）火烤：用蜡烛来烤杯，使其变热。

（2）燃烧：将高酒精度烈酒放入杯中燃烧，至酒杯发热。

（3）水烫：用热水将杯烫热。

（三）搅拌

搅拌是混合饮料的方法之一。它是用吧勺在调酒杯或饮用杯中搅动冰块使饮料混合。具体操作要求：用左手握杯底，右手用握"毛笔"的姿势，将吧勺的勺背靠杯边按顺时针方向快速旋转，搅动时只有冰块转动声。搅拌五六圈后，将滤冰器放在调酒杯口，迅速将调好的饮料滤出。

（四）摇壶

摇壶是使用调酒壶来混合饮料的方法。具体操作形式有单手、双手两种。

1. 单手握壶

右手食指按住壶盖，用拇指、中指、无名指夹住壶体两边，手心不与壶体接触。摇壶时，尽量使手腕用力，手臂在身体右侧自然上下摆。要求：力量大、速度快、节奏快、动作连贯。手腕可使壶按S形、三角形等方向摇动。

2. 双手握壶

左手中指按住壶底，拇指按住壶中间过滤盖处，其他手指自然伸开。右手拇指按住壶盖，其余手指自然伸开固定壶身。壶头朝向自己，壶底朝外，并略向上方。摇壶时可在身体左上方或正前上方。要求：两臂略抬起，呈伸屈动作，手腕呈三角形摇动。

（五）上霜

上霜是指在杯口边沾上糖粉或盐粉。具体要求：操作前要把酒杯空干，用柠檬皮匀称地擦杯口边，然后将酒杯放入糖粉或盐粉中，沾完后把多余的糖粉或盐粉弹去。

（六）调酒全过程

1. 短饮

选杯—放入冰块—溜杯—选择调酒用具—传瓶—示瓶—开瓶—量酒—搅拌（或摇混）—过滤—装饰。

2. 长饮

选杯—放入冰块—传瓶—示瓶—量酒—搅拌—装饰—服务。

鸡尾酒的色彩和口味配制

第一节　鸡尾酒的色彩配制

鸡尾酒之所以如此具有诱惑力，与其五彩斑斓的颜色是分不开的，色彩的配制在鸡尾酒的调制中至关重要。

一、鸡尾酒原料的基本色

鸡尾酒是通过基酒和各种辅料调配混合而成的，这些原料的不同颜色是构成鸡尾酒色彩的基础。

（一）糖浆

糖浆是由各种含糖比重不同的水果制成的，颜色有红色、黄色、绿色、白色等。较常见的糖浆有红石榴糖浆（深红）、山楂糖浆（浅红）、香蕉糖浆（黄色）、西瓜糖浆（绿色）等。

（二）果汁

果汁是通过水果挤榨而成的，具有水果的自然颜色，且含糖量要比糖浆少得多。常见的有橙汁（橙色）、香蕉汁（黄色）、椰汁（白色）、西瓜汁（红色）、草莓汁（浅红色）、番茄汁（粉红色）等。

（三）利口酒

利口酒的颜色十分丰富，包括红、橙、黄、绿、青、蓝、紫，有的利口酒同一品牌有几种不同的颜色。例如，可可酒有白色和褐色；薄荷酒有绿色和白色；橙皮酒有蓝色和白色等。

（四）基酒

除伏特加、金酒等少数几种无色烈酒外，大多数酒都有自身的颜色，这也是构成鸡尾酒色彩的基础。

二、鸡尾酒的色彩调配

鸡尾酒的颜色需要按照色彩配比的规律调制。

（一）调制彩虹酒

首先，应使每层酒为等距离，以保持酒体形态稳定、平衡。其次，注意色彩的对比，如红与绿、黄与紫、蓝与橙是补色关系的一对色，白与黑是色彩明度差距极大的一对色。再次，将暗色、深色的酒置于酒杯下部（如红石榴汁），将明亮或浅色的酒放在上面（如白兰地、浓乳等），以保持酒体的平衡，只有这样调制出的彩虹酒才有感观美。

（二）调制有层次的海波饮料、果汁饮料

应注意色彩的比例配备，一般来说暖色或纯色的诱惑力强，应占面积小一些，冷色或浊色面积可大一些。例如，特基拉日出（Tequila Sunrise）。

暖色是指红、黄及倾向于红和黄的颜色。暖色给人以温暖、兴奋、热情、艳丽、刺激的感觉。

冷色是指绿、蓝及倾向于绿和蓝的颜色。冷色给人以清静、冷淡、阴凉、安静、舒适、新鲜的感觉。

（三）鸡尾酒色彩的混合调配

1. 混合调色

绝大部分鸡尾酒是将几种不同颜色的原料进行混合，调制成某种颜色。

（1）三原色：红、黄、蓝。

（2）三原色互相混合可产生三间色：红＋黄＝橙，黄＋蓝＝绿，红＋蓝＝紫。

（3）间色与间色、间色与原色也可以进一步混合产生复色：橙＋绿＝柠檬，绿＋紫＝橄榄，蓝＋红＝朽叶。

（4）复色与复色、复色与间色、复色与原色还可以进一步混合：白＋黄＝奶黄，白＋黄＋红＝红黄，白＋黑＝灰，白＋蓝＋黑＝蓝灰，白＋黄＋蓝＝湖绿，蓝＋黄＋黑＝墨绿色，白＋蓝＝天蓝，白＋红＋黄＝肉红，白＋红＝粉红，红＋黑＝紫红，黄＋黑＝浅柚木色，黄＋黑＋红＝深柚木色。

2. 调制鸡尾酒时应把握不同颜色原料的用量

用量过多，色深；用量少，色浅，酒品达不到预想的效果。

3. 注意不同原理对颜色的作用

冰块是调制鸡尾酒不可缺少的原料，不仅对酒品起冰镇作用，而且对酒品的颜色、味道起稀释作用，冰块在调制鸡尾酒时的用量、时间长短直接影响颜色的深浅。另外，冰块本身具有透亮性，在古典杯中加冰块的酒品更具有光泽，更显晶莹透亮。例如，君度加冰、威士忌加冰、金巴利加冰等。

4. 乳、奶、蛋调色

乳、奶、蛋等具有半透明的特点，且不易同酒品的颜色混合。奶起增白效果，蛋清增加泡沫，蛋黄增强口感，使调出的饮品呈朦胧状，能增加酒品的诱惑力。

（四）鸡尾酒的情调创造

鸡尾酒通过不同色彩来传达不同的情感以创造特殊的情调。

色彩的冷暖感觉是人们在长期的生活实践中联想而形成的，并非色彩有冷有暖。

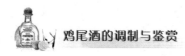

例如，红、橙、黄等色会使人们联想到太阳、火光的颜色，给人以热烈温暖的感觉，所以称为暖色；蓝、青等色给人以寒冷、沉静的联想，因而称为冷色；绿、紫等色给人的感觉是不冷不暖，故称为中性色。色彩的冷暖是相对的，对色彩的不同冷暖感觉可以帮助人们更细致地观察和区别色彩的性质（即称色性）。所以，冬季用橙色照明可以增加温暖感；夏季用蓝色照明，给人们以凉爽感。对鸡尾酒的色彩调配也同样适用这个方法。

同时，色彩带给人的情感也是不一样的。例如，红色是最鲜艳的色彩，它能给人一种温暖、热情、庄严、富丽和艳丽的观感，用红色就显得喜气洋洋。黄色近似金色，有庄严、光明、亲切、柔和、活泼的含义。黄色是佛教的颜色，也是中国封建帝王专用的颜色。蓝色寓示着冷静、和平、深远、冷淡、阴凉、永恒。蓝色多则有阴暗感，过多使用易引起忧郁沉闷。白色象征纯洁、明快、清爽。白光起反射的作用，光度过强容易刺目，并有寂寞和冷淡之感。紫色高雅，淡紫色使人有舒适感，深紫色使人有厌倦感。用淡紫色做鸡尾酒的颜色会显得轻快富丽、安定幽雅；深紫色则不宜做鸡尾酒的颜色。粉色传递浪漫、健康的情感。绿色为草地之色，活泼而有生气，给人欣欣向荣的感觉。橙色给人庄严富丽和金碧辉煌的感觉，用于鸡尾酒的调制，可刺激人的食欲。

第二节　鸡尾酒口味配制

人们对味道的感觉是通过鼻（嗅觉）和舌（味觉）来体验的。鸡尾酒是由具有各种天然香味的饮料成分来调配的，酒和果汁等饮料中主要是挥发性很强的芳香物质，如醇类、脂类、醛类、酮类等，如果温度过高，芳香物质会很快挥发，香味会消失。鸡尾酒需加冰块，从而在最佳的保持芳香味的温度下完成调制。调好的鸡尾酒一般不会过酸、过甜，是一种味道较为适中、能满足人们各种口味需要的饮品。

一、原料的基本口味

酸味：柠檬汁、青柠汁、西红柿汁等。

甜味：糖、糖浆、蜂蜜、利口酒等。

苦味：金巴利酒、安哥斯图拉苦精等。

辣味：辛辣的烈酒，以及辣椒、胡椒等辣味调料。

咸味：盐。

香味：酒及饮料中有各种香味，尤其是利口酒中大多数有水果和植物香味。

二、各种鸡尾酒口味的调配

将不同味道的原料进行组合，能够调制出具有不同风味和口感的饮品。

（一）绵柔香甜的饮品

用乳、奶、蛋和具有特殊香味的利口酒调制而成的鸡尾酒，如白兰地亚历山大（Brandy Alexander）、金菲士（Gin Fizz）等。

（二）清凉爽口的饮品

用碳酸饮料加冰与其他酒类配制的长饮，具有清凉解渴的功效，如莫斯科之骡（Mule of Moscow）、自由古巴（Cuba Libre）等。

（三）酸味圆润滋美的饮品

以柠檬汁、青柠汁和利口酒、糖浆为配料与烈酒调配出的酸甜鸡尾酒，香味浓郁、入口微酸、回味甘甜。这类酒在鸡尾酒中占有很大比重。酸甜味比例根据饮品及各地人们的口味不同，并不完全一样，如威士忌酸（Whisky Sour）。

（四）酒香浓郁的饮品

基酒占绝大多数比重，使酒体本味突出，配少量辅料增加香味，如马天尼（Martini）、曼哈顿（Mahattan）。这类酒含糖量少，口感甘洌。

（五）微苦香甜的饮品

以金巴利或安哥斯图拉苦精为辅料调制出来的鸡尾酒，如亚美莉加诺（Americano）、尼格龙尼（Nigroni）等。这类饮品入口虽苦，但持续时间短、回味香甜，并有清热的作用。

（六）果香浓郁丰富的饮品

由新鲜果汁配制的饮品，酒体丰满且具有水果的清香味，如椰林飘香（Pinacolada）等。

第二部分

鸡尾酒基酒知识

第四章 白兰地

第一节 白兰地概述

一、概念

白兰地是一种以葡萄为原料，经过发酵、蒸馏，再用橡木桶贮存的烈酒。它是调制鸡尾酒的六大烈酒之一，通常酒精度在40%以上。白兰地是一种陈酿酒，一般情况下，年份越高品质越高。它也被称为可喝之香水，具有高雅醇和的口味和特殊的芳香。白兰地的香气成分十分复杂，一款陈酿的经典白兰地的香气从几种到几十种、几百种不等。

二、白兰地的起源和发展

白兰地起源于法国，在公元12世纪，干邑（Cognac）生产的葡萄酒就已经销往欧洲各国，外国商船也常来夏朗德省（La Charente）滨海口岸购买葡萄酒。荷兰人在白兰地起源中起了重要的作用：一是因为荷兰人从事繁盛的海上葡萄酒贸易；二是荷兰商人发明了葡萄酒蒸馏设备。荷兰语中"蒸馏后的葡萄酒"就是白兰地。

（一）长途贸易和蒸馏设备的使用

16世纪，由于葡萄酒产量的增加及海运的途耗时间长，使法国葡萄酒变质滞销。这时，聪明的荷兰商人利用这些葡萄酒作为原料，加工成葡萄蒸馏酒，葡萄蒸馏酒不会因长途运输而变质，同时由于浓度高而使运费大幅度降低，葡萄蒸馏酒销量逐渐增大。

荷兰人发明了葡萄蒸馏器，同时他们设在法国夏朗德地区的蒸馏设备也逐步改进，法国人开始掌握蒸馏技术，并将其发展为二次蒸馏法。这时期的葡萄蒸馏酒为无色，也就是现在被称为原白兰地的蒸馏酒。这种技术也由法国逐渐传播到整个欧洲的葡萄酒生产国家和世界各地。

（二）战争和橡木桶的使用

1701年，法国卷入了西班牙的战争，在这期间，葡萄蒸馏酒销路大跌，大量存货不

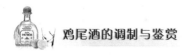

得不被存放于橡木桶中,然而正是由于这一偶然,产生了白兰地。人们发现储存于橡木桶中的白兰地酒质实在妙不可言、香醇可口、芳香浓郁,色泽更是晶莹剔透,如琥珀般的金黄色尽显高贵典雅。至此,产生了白兰地生产工艺的雏形——发酵、蒸馏、贮藏,也为白兰地发展奠定了基础。

公元1887年以后,法国改变了出口外销白兰地的包装,从单一的木桶装变成木桶装和瓶装相结合。随着产品外包装的改进,干邑白兰地的身价也随之提高,销售量稳步上升。据统计,当时每年出口干邑白兰地的销售额已达三亿法郎。

三、著名的白兰地类型

(一)干邑白兰地

一些著名的产区,往往将产区的名字作为白兰地的名称。干邑既是白兰地的著名产区,也是世界上最著名的白兰地,被称为"白兰地之王"。

Cognac,音译为"干邑"或"科涅克",位于法国西南部,是波尔多北部夏朗德省境内的一个小镇(图4.1、图4.2)。干邑地区占地约11 000平方千米,夏朗德河从产区中间穿梭而过。该地区生产葡萄酒的历史可以追溯到公元3世纪,而干邑白兰地则诞生在17世纪。时至今日,这里已有超过6 000家葡萄园主在酿制生产白兰地,还有100多名从事白兰地制作的蒸馏酒专家。蜚声海内外的轩尼诗(Hennessy)和拿破仑(Courvoisier)这样的大品牌总部也位于此。

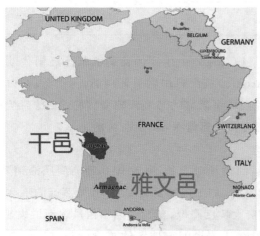

图4.1 法国干邑地理位置

图4.2 干邑镇一角

干邑地区的土壤非常适宜葡萄的生长和成熟,但由于气候较冷,葡萄的糖度含量较低(一般只有18%、19%左右),故此,其葡萄酒品质很难与南方波尔多地区生产的葡萄酒相比。随着17世纪蒸馏技术的引进,特别是19世纪在法国皇帝拿破仑的庇护下,干邑地区一跃成为酿制葡萄蒸馏酒的著名产地。

公元1909年，法国政府颁布酒法明文规定，只有在夏朗德省境内，干邑镇周围的36个县市所生产的白兰地方可命名为"干邑"，除此以外的任何地区不能用"干邑"一词来命名，而只能用其他指定的名称。这一规定以法律条文的形式确立了干邑白兰地的生产地位。正如英语的谚语："All Cognac is brandy, but not all brandy is Cognac（所有的干邑都是白兰地，但并非所有的白兰地都是干邑）。"这也就说明了干邑的权威性，干邑不愧为"白兰地之王"。

（二）雅文邑（Armagnac）白兰地

雅文邑产区位于距波尔多以南160千米的法国西南部，南邻干邑产区。和干邑一样，雅文邑也是法国及欧洲最早的原产地命名产品之一。1909年5月25日的法利爱尔法（Fallière）规定了雅文邑白兰地生产的三个地区：地处西部、相对靠近大西洋的下雅文邑（Bas-Armagnac）；中部的雅文邑——特纳雷泽（Ténarèze）；东部与南部的上雅文邑（Haut-Armagnac）。它们分布在加斯科尼中部的朗德省（Landes）、热尔省（Gers）和洛埃加荣省（Lot-et-Garonne）。

雅文邑地区生产的白兰地即被称为雅文邑白兰地（图4.3）。雅文邑白兰地酒液呈黑琥珀色，香气浓郁。陈酿酒或远年酒酒香袭人、留杯悠长，酒精度43%。法国政府于1909年5月批准了雅文邑地区自定的名称监制制度。从此，雅文邑的生产包括葡萄品种、葡萄种植、蒸馏技术、陈酿和勾兑都受到严格的控制。

图4.3 雅文邑白兰地

雅文邑的工艺与干邑基本相似，但某些工艺有差异。

其一，雅文邑的蒸馏是一次性连续蒸馏，蒸馏液的酒精度不能大于60%，这样做是为了使蒸出的白兰地更充满香气。

其二，橡木桶的材料是用法国蒙勒赞（Monlezun）森林的黑橡木（black oak）制成的。这种木材色黑，树液多、单宁多，有细小纹理，和酒接触的表面积较大，雅文邑复杂

的风味、深的颜色都是由此产生的。陈酿时间较干邑短。

其三，雅文邑的陈酒鉴别标准是以1、2、3、4、5来表示。陈酿1年是从蒸馏完毕的5月1日至来年的5月1日，用"1"表示。陈酿2年是用"2"表示。以此类推，陈酿3年常用"3"、Trois Etoiles（三星）、Monoploe（专营）、Selection Deluxe（精选）等表示。陈酿4年用V.O.（远年陈酿）、V.S.O.P（精致远年陈酿）、Reserve（佳酿）、X.O（未知龄）、Horsd'age（无龄）表示。

雅文邑的名品有：卡斯塔浓（Castagnon）、夏博特（Chabot）、珍尼（Janneau）、索法尔（Sauval）、欧巴隆（Haut-Baron）、科萨德侯爵（Marquis de Caussade）等。

（三）玛克（Marc）白兰地

玛克白兰地属于果渣白兰地，是用葡萄渣发酵后蒸馏取酒的。透明无色，有明显的

图4.4　Marc de Bourgogne 1990

果香，口感凶烈，刺激较大，后劲足，酒精度为68%—71%。主要产自法国的勃艮第（Burgundy）、香槟（Champagne）和阿尔萨斯（Alsace）等产区。每年，酒庄会将酒渣统一交到当地指定的蒸馏厂，待完成蒸馏后，这些酒会被送回各家，并以酒庄的名义贴标销售。

对名庄酒来说，葡萄精挑细选，一点一滴都是宝，果渣随意废弃太过可惜，因此，玛克白兰地可谓是"废物利用"的结果。玛克白兰地中最有名的，当属来自勃艮第酒王罗曼尼康帝酒庄（Domaine de la Romanée-Conti）的Marc de Bourgogne了，这自然是归功于酒庄响亮的名气（图4.4）。其价格更是比许多名庄干邑还要贵得多。Marc de Bourgogne以压汁后的黑皮诺葡萄皮渣连梗再进行蒸馏（也有酒厂不含梗蒸馏，并在酒标上载明），均以纹路孔隙较粗大的新橡木桶储存至少15年才上市，酒精度在42%—45%，每年产约6个橡木桶的量。酒色深琥珀，闻起来有木质香气和奶油、焦糖、香草的甜润气息，口感强劲却相当细腻，释放出甘蔗汁、核桃、香蕉、甘草等气韵，架构佳，细节清晰。

（四）其他国家和地区的白兰地

1. 意大利格拉帕（Grappa）

意大利格拉帕（图4.5）也是果渣白兰地，酒液通常呈无色透明的色泽，具有鲜明的果味和果梗味。

格拉帕能够比法国的干邑或雅文邑保留更多的葡萄风味，因此受到许多人的喜爱。格拉帕的蒸馏过程跟一般白兰地不同，由于葡萄渣液体少，蒸馏不能像干邑那样用火烧，而要采用固体蒸馏法，透

图4.5　意大利格拉帕Piave

过蒸汽湿蒸，否则葡萄渣会被烧焦。湿蒸比干蒸温柔得多，加上格拉帕主要采用雅文邑的连续蒸馏壶作一次性蒸馏，也就更有效地保留了葡萄原本的味道。格拉帕的酒精浓度都不得超过86%，熟成时间超过12个月以上必须添加焦糖。此外，该类白兰地的酒标上最多可以标识两种葡萄品种，且被标识的葡萄品种在原料中至少要占到85%以上。

格拉帕在意大利北部尤其受到欢迎，只要喝上一杯，再寒冷的冬天也可以熬过。在丰盛的晚餐之后，喝一杯格拉帕可以促进血液循环，有效帮助消化，意大利人也会在早餐时饮用或是加入咖啡一起饮用。烹饪菜肴或烤制蛋糕的过程中加一些格拉帕可以增添风味。在意大利北部产区，一些著名酒庄酿造了许多品质不俗的格拉帕，如格拉帕Bocchino、格拉帕Julia等。

2. 西班牙的赫雷斯白兰地（Brandy de Jerez）

西班牙西南的赫雷斯（Jerez）不仅以酿造雪利酒闻名，赫雷斯白兰地也同样出众（图4.6）。因为赫雷斯白兰地使用雪莉桶陈酿，它在颜色和风味上都受到了雪莉酒的显著影响，这也成为它最大的特色，味较甜而带有土壤味。赫雷斯白兰地其实算是雪莉酒厂的衍生产品，特别是像卢士涛（Lustau）、冈萨雷斯·比亚斯（Gonzalez Byass）、传统酒庄（Bodegas Tradición）等大牌。

图4.6　西班牙赫雷斯白兰地

赫雷斯珍藏（Reserva）白兰地至少陈酿一年，特级珍藏（Gran Reserva）白兰地至少陈酿3年。这些白兰地常常带有深沉的颜色，口感柔和甜美，风格和品质迥异。

3. 美国加州白兰地（Ameican Brandy ov California）

在新世界产酒国中，美国一直是白兰地的生产大国，主要产自加州（图4.7）。以加州产的葡萄为原料，发酵蒸馏酒精度至85proof（42.5%），贮存在白色橡木桶中至少2年，有的加焦糖调色。如果没有在橡木桶中陈酿2年以上，则需要在酒标上表示"immature"字样。知名品牌有Korbel、Christian Brothers和E & J等。

美国还生产一种以苹果为原料的苹果白兰地,以杰克苹果(Apple Jack)白兰地最为驰名。把熟透的苹果完全发酵至没有糖为止,再蒸馏酒精度至140—160proof(70%—80%),然后移至橡木桶中陈酿2—5年,装瓶时的酒精度为50%。

4.中国张裕金奖白兰地

金奖白兰地是山东烟台张裕葡萄酿酒公司的传统名产之一,在1915年巴拿马万国博览会(世博会旧称)上荣获金质奖章后,于1928年改名为"金奖白兰地"(图4.8)。2010年,张裕白兰地在首届国际白兰地盲品会上赢得各国专家赞誉,与人头马、马爹利一起名列前三。

除此以外,葡萄牙、秘鲁、希腊、南非等国也生产优质白兰地。

图4.7 美国加州白兰地

图4.8 张裕金奖白兰地

第二节 干邑白兰地

一、干邑白兰地的特点

干邑白兰地具有柔和、芳醇的复合香味,口味精细讲究。酒体呈琥珀色,清亮透明,酒精度一般在43%左右。

干邑白兰地的香气成分十分复杂,带有坚果、水果、焦糖、蜂蜜、香草和香料的风味。一款陈酿的经典白兰地的香气从几种到几十种、几百种不等。白兰地香气成分的一个重要来源是葡萄品种的芳香。葡萄品种含有的芳香成分在发酵、蒸馏的过程中转移到白兰地原浆中。另一个重要来源是橡木桶。新蒸馏出来的原浆白兰地口味暴辣、香气不足,它从橡木桶的木质素中抽取橡木的香气,与自身单宁成分氧化产生的香气结合起来,形成一种特有的奇妙香气。

二、干邑白兰地的生产条件

（一）葡萄品种

干邑白兰地的主要葡萄品种是白玉霓（Ughi Bianc），占葡萄原料的90%（图4.9）；鸽笼白（Colombard，图4.10）和白福儿（Folle Blanche，图4.11）这两个品种占葡萄原料的10%。这些葡萄品种非常适合制作干邑白兰地。

图4.9　白玉霓　　　　　　　图4.10　鸽笼白　　　　　　　图4.11　白福儿

适合加工白兰地的葡萄品种，在浆果达到生理成熟时，都具有以下特点。

1. 糖度低

这样每升白兰地蒸馏酒所耗用的葡萄原料多，进入白兰地蒸馏酒中的葡萄品种自身的香气物质随之增多。

2. 浆果成熟后酸度高

较高的酸度可以参与白兰地酯香的形成，适宜做白兰地的品种，葡萄成熟后滴定酸不应小于6克/升。

3. 应为弱香型或中性香型，无突出及特别香气

GB11856—1997标准中有这样一条"具有和谐的葡萄品种香"。"和谐"二字的理解必须靠多年的实践经验，用心体会，既要体现出原料品种香，又要与酒香和谐统一。同时，由于白兰地的长期贮存陈酿，葡萄品种香还应具备较强的抗氧化性。

4. 应高产而且抗病害性较好

我国为了酿造白兰地需要，近几年大量引进白玉霓。我国现有的葡萄品种中，白羽、白雅、龙眼、佳利酿、米斯凯特等比较适合做白兰地。

（二）土壤条件

酿造白兰地的葡萄，最好栽培在气候温和、光照充足、石灰质含量高的土壤中。干邑地区存在不同类型的土壤，因此才产生不同类型的白兰地。例如，干邑大香槟区的土壤上层是泥砂质，下层则是白垩纪形成的石灰石和白垩土。这些土壤疏水性好，但

也不惧怕干旱,因为地下泥土充满了细孔,像一块巨大的海绵,可以在干旱时期将水分慢慢吸收上来,而且土壤中含钙极其丰富。

（三）气候条件

干邑靠近大西洋,因而有着稳定的海洋性气候,雨量适中,全年平均气温大约为13℃,冬季也不会太冷,光照和气候都非常适合干邑葡萄的种植和生产。和法国普通葡萄酒产区相反的是,干邑地区最好的年份往往是那些最为凉爽的年份,因为这样一来葡萄可以保留更多的酸度,这在蒸馏过程中可以对酒液起一定的保护作用。

（四）生产工艺

干邑白兰地的生产过程为采摘、压榨、发酵、蒸馏、熟成、调配和装瓶。

1. 采摘

一般采收是十月初开始到月底结束,采用手工或机械的方法。

2. 压榨和发酵

收割后,立即用平板压榨机（basket plate presses）或者气动压榨机（pneumatic bladder presses）开始葡萄压榨,禁止连续压榨,获得的葡萄汁即进行发酵。美国作家威廉·杨格曾说:"一串葡萄是美丽的、静止的、纯洁的;而一旦经过压榨,它就变成了一种动物。因为它在成为酒以后,就有了动物的生命。"干邑凝练了法国最上等葡萄的精华,所以必定是精灵中的精灵。

在压榨过程中禁止加糖（chaptalization）。压榨和发酵必须严密看护,因为发酵过程对最后酒的质量有决定性的作用。经过4—8天的发酵,酒精度大约为9%,味道比较酸,酒精度低,有利于接下来的蒸馏过程。

3. 蒸馏

干邑白兰地采用的是夏朗德壶式（Charente's copper stills）蒸馏法,分两次蒸馏,这种蒸馏采用明火加热。在蒸馏时,需要将酒液置于如图4.12所示的铜蒸馏壶中,

图4.12　夏朗德铜制蒸馏壶

均匀受热并让其达到沸点。之后，乙醇蒸气会进入天鹅弯颈，再到达冷凝器，乙醇蒸气在这里会冷凝成液体，这样第一次蒸馏得到的酒液常被称作"粗馏液"（brouillis），酒精度大约为27%—30%。之后，粗馏液会再次置于蒸馏壶中进行二次蒸馏，得到的酒液酒精度一般不能超过72.4%，这就是精馏液，也就是所谓的"生命之水"（eau-de-vie）。值得一提的是，干邑通过精馏后都能达到相近的酒精度，而蒸馏过程中得到的酒头（tetes）和酒尾（secondes）会再次置于葡萄酒或粗馏液中重新蒸馏。

4. 熟成

熟成也称为陈酿。白兰地酿造工艺精湛，特别讲究陈酿时间与勾兑的技艺，其中陈酿时间的长短更是衡量白兰地酒质优劣的重要标准。

陈酿是在橡木桶中，由于橡木桶对酒质的影响很大，因此，木材的选择和酒桶的制作要求非常严格。最好的橡木是来自干邑地区利穆赞（Limousin）和特隆塞（Troncais）两个地方的特产橡木。由于白兰地酒质的好坏以及酒品的等级与其在橡木桶中的陈酿时间有着紧密的关系，因此，陈酿对于白兰地酒来说至关重要。至于具体陈酿多少年，各酒厂依据法国政府的规定，所定的陈酿时间有所不同，有的长达40—70年之久。在这里需要特别强调的是，白兰地在陈酿期间酒质的变化，只是在橡木桶中进行的，装瓶后其酒液的品质不会再发生任何变化。

原白兰地酒贮存在橡木桶中，要发生一系列变化，从而变得高雅、柔和、醇厚、成熟，在葡萄酒行业，这叫"天然老熟"。在"天然老熟"的过程中，发生两方面的变化：一是颜色的变化；二是口味的变化。原白兰地都是白色的，它在陈酿时不断地提取橡木桶的木质成分，加上白兰地所含的单宁成分被氧化，经过五年、十年甚至更长时间，逐渐变成金黄色、深金黄色到浓茶色。新蒸馏出来的原白兰地口味暴辣、香气不足，它从橡木桶的木质素中抽取橡木的香气，与自身单宁成分氧化产生的香气结合起来，形成白兰地特有的奇妙的香气。

5. 调配

合格的白兰地还需要一个极为重要的程序，那就是调配。调配也称勾兑，是白兰地生产的点睛之笔，它使葡萄酒的感观、香气和口感实现高度的和谐统一。怎样调配是各葡萄酒厂家的秘密，各厂都有自己的配方和自己的调配专家。作为白兰地调配大师，不仅需要精深的酿酒知识和丰富的实践经验，而且需要异常灵敏的嗅觉、味觉和艺术鉴赏能力，他们利用不同年限的酒，按各自世代相传的秘方进行精心调配勾兑，创造出各种不同品质、不同风格的干邑白兰地。

三、干邑白兰地的六大著名产区

1938年，法国原产地名协会和干邑（Cognac）同业管理局根据AOC法（法国原产地名称管制法）和干邑地区内的土质及生产的白兰地的质量和特点，将干邑分为六个酒区（图4.13）。

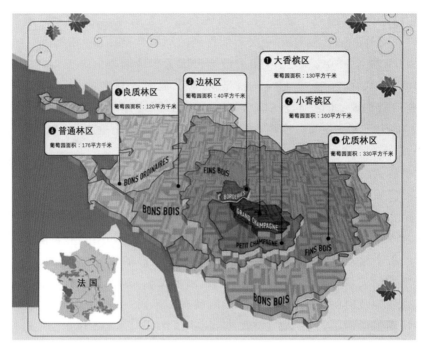

图4.13　干邑六大产区

（一）大香槟区（Grand Champagne）

大香槟区总面积有375平方千米，用于葡萄种植的约有130平方千米。这里是公认最好的干邑产区，还常被誉为干邑一级园。采用大香槟区葡萄所生产的干邑白兰地，可冠以"Grande Champagne Cognac"字样，这种白兰地均属于干邑的极品。目前，全球最贵的一款干邑就来自该地区，为人头马路易十三天韵干邑（Louis XIII de Remy Martin Rare Cask Grande Champagne Cognac）。

（二）小香槟区（Petite Champagne）

小香槟区面积共有6 840多平方千米，其中用于干邑葡萄种植的葡萄园面积约为160平方千米。这里的土壤类型和大香槟区类似，所产干邑的品质也和大香槟区类似，只不过与大香槟区干邑相比，这里的干邑没有那么精细且余味稍短。当酿酒葡萄完全来自该产区时，就可以在对应的酒标上标示"Cognac Petite Champagne"或者"Cognac Petite Fine Champagne"。

一瓶干邑可以由来自不同种植区的葡萄或基酒混合调配而成。其中，大小香槟区的混酿很常见，当大香槟区的葡萄比例超过50%时，生产商就可以在酒标上单独标注Fine Champagne。根据法国政府规定，只有用大小香槟区的葡萄蒸馏而成的干邑，才可称为"特优香槟干邑"（Fine Champagne Cognac）。需注意的是，这里的大小香槟区指的不是法国北部生产香槟酒的那个香槟产区。

（三）波鲁特利区（边林区，Borderies）

边林区是六大干邑葡萄种植区中面积最小的，只有130平方千米，用于干邑生产的葡萄种植面积仅有40平方千米。这里的土壤包括黏土和由石灰石脱碳后形成的燧石土壤,生产的干邑可以说是最有特点的一个,酒质优异、圆润顺滑,还带有紫罗兰的花香味以及坚果的香气和风味。它还有一个优点是其橡木桶陈酿时间比大小香槟区干邑要短,且能在这个短时间内达到最佳品质。在酒标标有"Cognac Borderies"的字样,一般说明这瓶干邑的酿酒葡萄完全来自边林区。

(四)芳波亚区(优质林区,Fin Bois)

优质林区的面积达3 540平方千米,其中葡萄园面积仅占330平方千米。这里绝大部分土地都是白垩黏土,基岩则是石灰岩和砂岩,除了红色的坚石外,其他和香槟区非常类似。优质林区环绕着三大子产区,生产的干邑口感圆润柔和,熟成时间也较短,还有新压榨过的葡萄清香,是干邑混酿时的绝佳基酒。同样,当酒标上标注"Cognac Fins Bois"时,则说明用来生产干邑的酿酒葡萄完全来自优质林区。

(五)邦波亚区(良质林区,Bon Bois)

良质林区部分靠海,这些地方的土壤中还含有一定的沙子,据说这些沙子来自中央高原地区,经由风化作用而来。该葡萄种植区的葡萄园非常分散,葡萄园与葡萄园之间有时候还夹杂着其他作物,周围则被松树林或栗树林环绕。因此,良质林区葡萄园基本都呈带状分布,这使得虽然该种植园区总面积最大,达3 864平方千米,但葡萄种植面积仅有120平方千米。这里出产的干邑以熟成快、口味独特著称,100%产自这里的"Cognac Bons Bois"干邑也颇受消费者青睐。

(六)波亚·奥地那瑞斯区(普通林区,Bois Ordinaires)

普通林区总面积为2 740平方千米,其中有1 760平方千米的土地用于葡萄种植。这里的土壤含沙量较大,且大多沿海岸分布,生产的干邑熟成速度很快,因而和良质林区的干邑风格相似,不过带有更为纯粹的乡野风味,而且还有典型的海洋风味。

第三节　干邑白兰地酒龄与名品白兰地

一、干邑白兰地酒龄

法国政府为了确保干邑白兰地的品质,对白兰地,特别是干邑白兰地的等级有着严格的规定。该规定是以干邑白兰地原酒的陈酿年数来设定标准,并以此作为干邑白兰地划分等级的依据。有关干邑白兰地酒的法定标示及陈酿期规定具体如下。

(一)V.S(Very Superior)

V.S又叫三星白兰地,属于普通型白兰地。法国政府规定,干邑地区生产的最年轻的白兰地只需要18个月的酒龄。但厂商为保证酒的质量,规定在橡木桶中必须酿藏2年半以上。

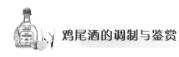
（二）V.S.O.P（Very Superior Old Pale）

属于中档干邑白兰地，享有这种标志的干邑至少需要4年半的酒龄。然而，许多酿造厂商在装瓶勾兑时，为提高酒的品质，适当加入了一定成分的10—15年的陈酿干邑白兰地原酒。

（三）精品干邑（Luxury Cognac）

法国干邑多数大作坊都生产质量卓越的白兰地，这些名品有特别的名称，如Napoleon（拿破仑）、Cordon Blue（蓝带）、X.O（Extra Old，特陈）、Extra（极品）等。依据法国政府规定此类干邑白兰地原酒在橡木桶中必须酿藏6年半以上，才能装瓶销售。

二、干邑白兰地的名品

（一）轩尼诗（Hennessy）

由爱尔兰人轩尼诗·李察（Richard Hennessy）于1765年创立的酿酒公司，是世界著名的干邑白兰地品牌之一。在拿破仑三世时，该公司已经使用能够证明白兰地酒级别的星号。"轩尼诗"家族经过六代的努力，已成为干邑地区最大的三家酿酒公司之一。

名品有："轩尼诗 V.S.O.P"（Hennessy V.S.O.P Cognac）、"拿破仑轩尼诗"（Napoleon Hennessy）、"轩尼诗 X.O"（Hennessy X.O Cognac）、轩尼诗·李察（Richard Hennessy Cognac）和轩尼诗百乐廷（Hennessy Paradis Rare Cognac）等。150多年前，轩尼诗家族在干邑地区首先推出X.O干邑白兰地，并于1872年运抵中国上海，从而开始了轩尼诗公司在亚洲的贸易。

1. 轩尼诗 V.S.O.P（Hennessy V.S.O.P Cognac）

轩尼诗 V.S.O.P（图4.14）具有香草、丁香、肉桂的柔和及辛香气味，又带有飘逸细致的熏烤香气，口感或强劲、或柔顺，调和出自然且刚柔并济的平衡感，若隐若现的鲜葡萄果味柔化了整体结构，极为顺口。

图4.14 轩尼诗 V.S.O.P

2. 轩尼诗X.O（Hennessy X.O Cognac）

用以调酿轩尼诗X.O（图4.15）的100种生命之水均经多年熟成，其中有些陈酿时间甚至长达30年以上，赋予轩尼诗X.O无与伦比的醇厚。强劲深邃的琥珀色是力度的象征，散发蜜饯香气与淡雅清新的辛香气息，入口后完美和谐，强劲而圆润，口感丝滑，略带可可味和温馨的果味。悠长的余韵体现出干邑多层次的调和结构及历经多年陈酿的丰富特性。

3. 轩尼诗·李察（Richard Hennessy Cognac）

轩尼诗·李察干邑（图4.16）采用40—200年弥足珍贵的生命之水谱合陈酿而成，结构达到完美平衡的境界。颜色呈琥珀色，香气包含淡雅的花香、混合香料、肉豆蔻和水烫过的茴香等。品饮时，强劲的香气与口中的辛辣交相辉映，胡椒在这首花卉交响曲中扮演重要的配角。随后多层次的结构一一铺陈，皮革香气聚集，伴随着坚果和蜜饯香气。水晶酒瓶为纯手工吹制，每瓶均分别编号。

4. 轩尼诗百乐廷（Hennessy Paradis Rare Cognac）

轩尼诗百乐廷干邑（图4.17）由莫理斯·费乐活（Maurice Fillioux）于1979年创作，他从祖父的生命之水传承中汲取灵感，为这款完美和谐的干邑注入生命。其名字源自轩尼诗世家的传奇之地：百乐廷酒窖。"百乐廷"是指专门用于陈酿轩尼诗顶级生命之水的酒窖。生命之水在橡木桶中至少储存50年，单宁经多年释放，日趋成熟，直至达到无与伦比的纯度。

流线型轩尼诗百乐廷玻璃瓶由Ferruccio Laviani设计，配以精妙的底座来延伸其轮廓、曲线和侧翼，完善其圆润的造型和透明度，以提升佳酿的温暖琥珀色调。

轩尼诗百乐廷由代表最佳产区、最佳年份的25—100年的百余种生命之水调配而成，它们在蒸馏后立即精选，纯粹而丰富，花香浓郁，具有无与伦比的细腻和出色的力度，彰显成熟、多汁水果的基调和质地，经橡木桶陈化，最后呈现铜金色泽。调配轩尼诗百乐廷混合佳酿时，各种芳香绽放，精致口感围绕舌尖，在达至完美和谐之前逐层绽放。

图4.15　轩尼诗X.O

图4.16　轩尼诗·李察

图4.17　轩尼诗百乐廷

（二）马爹利（Martell）

马爹利公司创建于1715，尚·马爹利是其创始人，至今已历经八代相传，自公司创建以来一直由马爹利家族经营和管理，并获得"稀世罕见的美酒"之美誉。该公司的"三星"使顾客领略到芬芳甘醇的美酒；"V.S.O.P"（陈酿）具有轻柔口感；"Cordon Ruby"（红带）是酿酒师们从酒库中挑选各种白兰地酒混合而成；Napoleon（拿破仑）被人们称作"拿破仑中的拿破仑"，是白兰地酒中的极品。

1. 马爹利蓝带（Martell Cordon Blue Cognac）

1912年由爱德华·马爹利精心调制创造的马爹利蓝带（图4.18）堪称调配的极致艺术。选用30—35年的至醇干邑，由250种生命之水精心萃取而成，色泽呈深金铜色；具有丰满、圆润、高雅、精致细腻的花香，蜜饯梅子和苹果香味，摩卡咖啡、烤杏仁、香根草的烘焙味，浓郁的肉桂香和橘子树花、蜂蜜和蜜蜡香。口感极其柔润，余韵细致，散发出浓郁的果香和木香，令人回味不绝。优质的边缘区葡萄，更赋予其精致香醇的品质。

图4.18　马爹利蓝带　　　　　　　　　　　　　　　图4.19　金牌马爹利

2. 金牌马爹利（Martell V.S.O.P Médaillon Cognac）

金牌马爹利（图4.19）诞生于1840年，酒标上印着路易十四金像，充溢皇室气派。金牌马爹利色泽圆润丰满，韵味成熟芳香，充满力量和质感。口感优雅、柔滑圆润，具有淡雅的花香，适合用依云矿泉水稀释饮用，直接加冰块饮用口感更浓郁，也适合调制鸡尾酒。

3. 马爹利X.O（Martell X.O Cognac）

图4.20　马爹利X.O

马爹利X.O（图4.20）具有拱形艺术瓶身。色泽呈琥珀色，香气呈多种香料和红浆果香，馥郁的水果香，无花果酱和蜜饯、杏仁、胡桃香，还有蜜蜡和檀香的香气。口感滑润，品后唇齿间余香未尽（无花果和胡桃香味），让人感受到大香槟区生命之水的雄劲和细腻，余韵柔滑、留香持久。

4. 名仕马爹利（Martell Noblige Cognac）

名仕马爹利（图4.21）名字来源于古典法语中的"Noblesse Oblige"，意为贵族应承担的义务。瓶身呈切面流线型设计，色泽是韵然流动的金泽铜晕。香气具有柠檬、梨和梅子等多种水果香，还具有香草荚和焦糖葡萄香，以及甜蜜的没药树、香柏和纹理细致的橡木的香味。口感成熟，力度与顺滑和谐无瑕，余韵持久。与矿泉水或冰红茶混合后饮用为佳。

图4.21　名仕马爹利

5. 马爹利凯旋干邑（Martell Creation Grand Extra Cognac）

马爹利凯旋干邑（图4.22）完美融合了边林区的清新果香及悠久的大香槟区生命之水的芳香。色泽呈深琥珀色，由法国著名设计师塞尔日·曼索为其设计独特的弧形酒瓶。

具有橘子酱与果酱的香气，柠檬、橙皮和梅子香，可可豆、黑巧克力和香草荚香，咖喱酱、陈酿葡萄酒和琥珀皮革香。口感柔滑、醇厚，余味浓烈而独特，并带有丝丝木香和香料芳香。

6. 金王马爹利干邑（Martell L'OR Cognac）

金王马爹利干邑（图4.23）由马爹利最好的生命之水精酿而成，每一种都有半个世纪以上的历史，堪称滴滴珍贵。它的酿制、醇化过程特别复杂，其水晶酒瓶的瓶盖和瓶

图4.22　马爹利凯旋干邑　　　　图4.23　金王马爹利

身上端选用24k纯金,充分体现这一款酒历经千锤百炼,是少见的强劲干邑,适合净饮。

（三）人头马（Remy Martin）

"人头马"是以其酒标上人头马身的希腊神话人物造型为标志而得名的。该公司创建于1724年,是著名的、具有悠久历史的酿酒公司,创始人为雷米·马丁（Remy Martin）。该公司选用大小香槟区的葡萄为原料,以传统的小蒸馏器进行蒸馏,品质优秀,因此被法国政府冠以特别荣誉名称Fine Champagne Cognac（特优香槟区干邑）。该公司的拿破仑不是以白兰地酒的级别出现的,而是以商标出现,酒味刚强。

人头马的生产标准高于干邑产区生产法令规定的标准,陈化期7年以下的是V.S,达到7年的是V.S.O.P,超过12年的是CLUB（即"人头马俱乐部"）,达到15年的是Napoleon（即"拿破仑"级）,超过20年的是X.O,超过30年的是L'AGED'OR（即"金色年代"）,50年以上的就是路易十三了。

1. 人头马V.S.O.P（Remy Martin V.S.O.P Fine Champagne Cognac）

人头马在1927年开创性地推出了全球第一瓶V.S.O.P,开启了V.S.O.P风靡世界的新纪元。人头马V.S.O.P色泽呈晶莹的金黄色。香气具有果香味,成熟的甜杏和水蜜桃香味,紫罗兰花香,香草气息突出,附带一丝甘草香。质地丝般柔滑,余味呈现良好的成熟度与完美的平衡感（图4.24）。

2. 人头马俱乐部（Remy Martin Club Fine Champagne Cognac）

人头马俱乐部有着淡雅和清香的味道,回味绵长。八角酒瓶棱角分明,线条简洁有力,充满现代感（图4.25）。

3. 人头马天醇X.O（Remy Martin X.O Fine Champagne Cognac）

人头马天醇X.O为顶级香槟干邑,层层展现不同生命之水的独特感与芳香（图4.26）。选用10—37年陈酿的生命之水调制而成,醇香丰盈、顺喉、圆浑,给人带来如丝般的感觉。

色泽呈火红的桃花心木色。香气具有果香味,是来自夏末成熟的水果——多汁的李子、熟透的无花果及香橙蜜饯香;还有来自茉莉花或鸢尾等白色花卉的令人沉醉的花香;以及来自清新的肉桂和榛子粉的陈化的香味。质地如天鹅绒般顺滑,余味丰富持久。

图4.24 人头马V.S.O.P

图4.25 人头马俱乐部

图4.26 人头马天醇X.O

4. 人头马路易十三（Remy Martin Louis XIII Cognac）

该酒是用75—275年的存酒精酿而成，做一瓶酒要历经三代酿酒师。酒的原料采用大香槟区最上等的葡萄。有人说："饮用人头马路易十三，就像经历一段奇幻美妙的感官之旅。最初可感觉到波特酒、核桃、水仙、茉莉、百香果、荔枝等果香，旋即流露香草与雪茄的香味；待酒精逐步挥发，鸢尾花、紫罗兰、玫瑰、树脂的清香更令人回味。一般白兰地的余味只能持续15—20分钟，这款香味与口感极为细致的名酒，余味萦绕长达1小时以上。"

由法国巴卡拉（Baccarat）玻璃厂手工打造的水晶玻璃瓶，更是一件不可多得的艺术精品。这酒瓶是在扎纳克战役所在地发现的独特的长颈瓶的复制品，是世界上具有标志性意义的酒瓶。排列成水滴状的水晶，令酒瓶像贝壳般闪耀，寓意着酒瓶保护着酒液，如同贝壳对珍珠的保护（图4.27）。路易十三黑珍水晶限量至尊装，全球只有786瓶，而每一瓶都镌刻001—786的序号，这是法式奢华艺术的体现（图4.28）。

图4.27　人头马路易十三　　　　　图4.28　人头马路易十三黑珍水晶

（四）拿破仑（Courvoisier）

该酒音译为"库瓦齐埃"，又称"康福寿"。拿破仑公司创立于1790年，该公司在拿破仑一世在位时，由于献上自己公司酿制的优质白兰地而受到赞赏。在拿破仑三世时，它被指定为白兰地酒的承办商。拿破仑是法国著名的干邑白兰地。

等级品种分类除三星、"V.S.O.P"（陈酿）、"Napoleon"（拿破仑）和"X.O"（特酿）以外，还包括库瓦齐埃高级干邑白兰地（Courvoisier Imperial）、库瓦齐埃拿破仑干邑（Courvoisier Napoleon）、库瓦齐埃特级（Courvoisier Extra）等。

从1988年起，该公司将法国绘画大师伊德的七幅作品分别描绘在干邑白兰地酒瓶上。第一幅名为"葡萄树"，是有关葡萄园的；第二幅名为"丰收"，以少女手持葡萄在祥和的阳光下祝福，呈现一片富饶景象；第三幅名为"精练"，描述了蒸馏白兰地酒的过程；第四幅名为"陈酿"，以人们凝视橡木桶的陈酿白兰地酒为画面，来表现拿破仑白兰地酒严格的熟化工艺；第五幅名为"品尝"等。这七幅画是伊德出于对拿破仑白兰地酒的热爱而特别为拿破仑干邑白兰地设计的。

1. 库瓦齐埃V.S.O.P干邑（Courvoisier V.S.O.P Cognac）

库瓦齐埃V.S.O.P干邑（图4.29）由首席酿酒大师帕特斯·皮纳（Patrice Pinet）先生亲手调制，优质的原酒分别来自大香槟区、小香槟区、优质林区等。

2. 库瓦齐埃拿破仑干邑（Courvoisier Napoleon Cognac）

库瓦齐埃拿破仑干邑（图4.30）的名称源于拿破仑·波拿巴将军对其的喜爱。它引领并创造了干邑行业中的"拿破仑"等级——精选处于陈酿巅峰期的大小香槟区优质葡萄，是"优质香槟干邑"的完美展现。

3. 库瓦齐埃X.O干邑（Courvoisier X.O Cognac）

库瓦齐埃X.O干邑（图4.31）由首席调酒师将生命之水（eaux-de-vie）完美熟成而得，原酒陈酿11年到25年以上，充分展现了干邑的陈酿及调和艺术。

4. 库瓦齐埃特级干邑（Courvoisier Extra）

库瓦齐埃特级干邑（图4.32）精选陈酿30年以上的古老干邑原酒，其中更包括长达半个世纪的珍贵原酒精华。凝聚了大香槟区、小香槟区和边林区的古老干邑风味，令人难忘。

图4.29　库瓦齐埃V.S.O.P干邑

图4.30　库瓦齐埃拿破仑干邑

图4.31　库瓦齐埃X.O干邑

图4.32　库瓦齐埃特级干邑

（五）卡慕（Camus）

卡慕又称金花干邑或甘武士，由法国卡慕公司出品，该公司创立于1863年，是法国著名的干邑白兰地生产企业。自创立以来，一直由创始家族独立拥有和经营，以品质和创新著称。卡慕所产干邑白兰地均采用自家果园栽种的圣·迪米里翁（Saint Emilion）优质葡萄作为原料酿制混合而成，等级品种分类除"V.S.O.P"（陈酿）、"Napoleon"（拿破仑）和"X.O"（特酿）外，还包括卡慕特级拿破仑（Camus Napoleon Extra）、卡慕嵌银百家乐水晶瓶干邑（Camus Silver Baccarat）、卡慕瓷书（Camus Limoges Book）、卡慕瓷鼓（Camus Limoges Drum）、卡慕百家乐水晶瓶（Camus Baccarat Crystal Decanter）等。

卡慕干邑馥郁芬芳、醇美悠长，口感令感官愉悦。卡慕城堡是卡慕家族世代居住的地方，如今，卡慕家族是布特妮法定产区最大区域的拥有者。

1. 卡慕经典V.S.O.P干邑（Camus V.S.O.P Elegance Cognac）

茉莉的优雅清新混合黄色水果的甜美香味，口感均衡温和，香草气息与淡淡的橡木陈香更增加了干邑的结构感。卡慕经典V.S.O.P干邑（图4.33）之所以拥有美妙的酒香，是因为其融汇了采用带渣蒸馏工艺生产的原酒，用这一技术酿出的干邑酒香芬芳馥郁。用于陈酿生命之水的橡木桶为单宁含量较低的老桶，对橡木桶进行中度烘烤不但可以充分唤醒酒汁中的果香与花香，而且可以为酒汁平添些许辛香和香草香。

2. 卡慕经典X.O干邑（Camus X.O Cognac）

该酒呈诱人的琥珀色泽，闻起来有着丰富的花香味，口感醇和，带有甘味，是一款百搭的干邑。

3. 卡慕经典特醇干邑（Camus Cognac Extra Elegance Cognac）

卡慕家族传统工艺的生命之水，是知名的卡慕经典特醇干邑（图4.34）所使用的原液，当中包含大量干邑标志性的珍贵"布特尼生命之水"。花香馥郁，有强烈的香味，口感非常细腻，余味柔和，让人在品味之间领悟大自然最无私的恩赐。

图4.33　卡慕经典V.S.O.P干邑

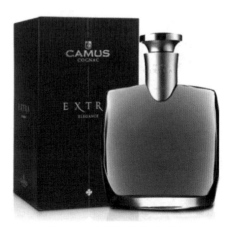

图4.34　卡慕经典特醇干邑

第四节 白兰地的品饮

白兰地是一种高雅、庄重的美酒，人们在高兴的时候享受一杯白兰地，会使情趣倍增。白兰地的饮用方法多种多样，可作餐后消食酒，可作开胃酒，可以净饮，也可以加冰、掺兑矿泉水饮或掺兑茶水饮。一般来说，不同档次的白兰地，采用不同的饮用方法，可以达到更好的效果。

X.O级白兰地，是在橡木桶里经过十几个春夏秋冬的贮藏陈酿而成，是酒中的珍品和极品，这种白兰地最好的饮用方法是净饮，这样的原浆原味，使人更能体会到这种艺术的精髓和灵魂。V.O级白兰地或V.S级白兰地，如果直接饮用，难免有酒精的刺口辣喉感，而掺兑矿泉水或加冰块饮用，既能使酒精浓度得到充分稀释，减轻刺激，又能保持白兰地的风味不变。中等档次的白兰地，冬天掺热茶饮，把茶水泡得酽酽的，使得茶水的颜色和白兰地颜色一致。茶叶中含有丰富的茶碱和单宁，白兰地中也含有丰富的多酚物质和单宁，用这样的浓茶掺兑白兰地，能保护白兰地的颜色、香味和酒体的丰满程度不变，只是降低了酒精度，减少了酒精的刺激，可以使干渴的喉咙得到滋润。白兰地掺兑矿泉水、冰块、茶水、果汁等新的品酒方式，已经在世界范围内流行起来，勾兑后的白兰地既是夏天午后的消暑饮料，又是精美晚餐上的主要佐餐饮品。

一、酒杯

白兰地酒杯的形状能够很好地显示出白兰地的颜色，并让白兰地散发出应有的芳香。一定要用洁净晾干的酒杯，以防止酒杯中混入其他味道。

（一）郁金香花形高脚杯

品尝或饮用白兰地的酒杯，最好是郁金香花形高脚杯（图4.35）。杯如其名，郁金香花形高脚杯有一个长长的、优雅的茎，茎上长着一个非常宽的铃形花序。然后，随着玻璃的上升，它会向内弯曲，并在边缘处略微向外突出——看起来很像郁金香。这种杯形，能使白兰地的芳香成分缓缓上升。品尝白兰地时，斟酒不能太多，至多不超过杯容量的1/4，要让杯子留出足够的空间，使白兰地的芳香在此萦绕不散。这样就能使品尝者对白兰地中长短不同、强弱各异、错落有致的各种芳香成分进行仔细的分析和鉴赏。

图4.35 郁金香花形高脚杯

（二）球形白兰地杯

球形白兰地杯有一个短的茎和一个宽的接触面积，当它到达边缘时就会变窄，这使香味更浓（尽管它在一定程度上没有郁金香酒杯那么强烈）。它的大杯肚可以使酒液更好地接触空气,帮助香气散发;杯口的收口设计有利于让香气聚拢,较短的杯腿则便于握在手掌中,用手心慢慢温暖酒液(图4.36)。

(三)锥形白兰地杯

这种杯子沿用了上窄下阔的外形设计,却没有了支撑杯肚的杯脚,取而代之的是在杯底之下加上了一个圆锥形的杯座(图4.37)。这样的设计使得酒杯不可能竖放于桌上,但却能以倾斜的姿态在桌上旋转,从而缓慢地释放香气。完美的白兰地酒杯的整体理念是尽可能提供最大的表面积,但为了加强酒香并确保最佳的口感,酒杯的边缘要收得更小。

图4.36　球形白兰地杯　　　　　图4.37　锥形白兰地杯

二、醒酒

品鉴干邑最好不要太心急。开瓶后,最好给它一点"呼吸"的时间,令酒液与空气缓慢接触。通常,醒酒一段时间后,口感会比刚开瓶时更圆润易饮。如果是一款品质上乘的干邑,在醒酒的每个阶段都会感受到持续变化的不同风味口感。

另外,一些干邑专家的说法也是可以参考的:干邑的陈年期每多1年,就要多醒酒30秒;换言之,在品尝一款陈年20年的干邑前,应先静心候上10分钟,再行品饮。由于高酒精度的保驾护航,开瓶后的干邑,其变化往往是以几天甚至几周为单位来衡量的。

三、白兰地品尝程序

首先将干邑白兰地倒入郁金香杯内约1/3满,然后用手指捏住杯脚底部,以避免手心温度传到杯中影响酒质。其余品酒步骤如下。

(一)欣赏色泽

拿起酒杯对着光源,观察干邑白兰地的色泽及清澈程度(图4.38)。好的白兰地应该澄清晶亮、有光泽。

（二）试验稠度

将杯身倾斜约45度，慢慢转动一周，再将杯身直立，让酒汁沿着杯壁滑落。此时，杯壁上所呈现的宛如美女玉腿舞动的纹路，即为所谓的"酒脚"。越好的干邑白兰地，滑动的速度越慢，酒脚越圆润。

（三）嗅闻香气

将酒杯由远处移近鼻子，以恰能嗅到干邑白兰地酒香的距离来衡量香气的强度与基本香气；再轻轻地摇动酒杯，逐渐靠近鼻子；最后将鼻子靠近杯口深闻酒气，以辨别各种香气的特征与确定酒香的持久力（图4.39）。

白兰地的芳香成分是非常复杂的，既有优雅的葡萄品种香，又有浓郁的橡木香，还有在蒸馏过程和贮藏过程中获得的酯香和陈酿香。由于人的嗅觉器官特别灵敏，所以当鼻子接近玻璃杯时，就能闻到一股优雅的芳香，这是白兰地的前香。然后轻轻摇动杯子，这时散发出来的是白兰地特有的醇香，像椴树花、葡萄花、干的葡萄嫩枝、压榨后的葡萄渣、紫罗兰、香草等。这种香很细腻，幽雅浓郁，是白兰地的后香。

（四）品尝佳酿

从舌尖开始品尝干邑白兰地，先含一些醇酒在舌间滑动；再顺着舌缘让酒流到舌根，然后在口中滑动一下；入喉之后趁势吸气伴随酒液咽下，让醇美厚实的酒味散发出来；再用鼻子深闻一次，将所有的精华消化于口鼻舌喉之间（图4.40）。

图4.38　观色　　　　　　图4.39　闻香　　　　　　图4.40　品味

白兰地的香味成分很复杂。有乙醇的辛辣味，有单糖的微甜味，有单宁多酚的苦涩味和有机酸成分的微酸味。好的白兰地，酸甜苦辣的各种刺激相互协调、相辅相成，一经沾唇，醇美无瑕，品味无穷。舌面上的味蕾和口腔黏膜的感觉，都可以鉴定白兰地的质量。品酒者饮一小口白兰地，让它在口腔里扩散回旋，使舌头和口腔广泛地接触、感受，可以体察到白兰地奇妙的酒香、滋味和特性：协调、醇和、甘洌、沁润、细腻、丰满、绵延、纯正……

第五章 威士忌

第一节 威士忌概述

一、概念

威士忌是以大麦、黑麦、燕麦、小麦、玉米等谷物为原料经发酵、蒸馏，放入橡木桶醇化而酿成的高酒精度饮料酒。

威士忌放入橡木桶储存、熟成之前是无色透明的液体，然而在橡木桶内熟成期间，由于酒桶木材色素和香味渐次渗入酒中，于是形成威士忌特有的琥珀色和香味。其储存的时间越长，酒也就越香、越醇。一般而言，储存最低年限为3—4年，其中经12年以上熟成的是高级品。

二、起源与发展

苏格兰历史学家认为，最早关于大麦酿造蒸馏酒的书面记载是在1494年苏格兰文献中找到的。在当时的英国国库编年史中有这样的记载："付给修士约翰·柯尔8斗（50千克）麦子用于酿造蒸馏酒。"根据苏格兰威士忌协会（Scotch Whisky Association）的说法，苏格兰威士忌是从一种名为"Uisge Beatha"（意为"生命之水"）的饮料发展而来的。苏格兰威士忌在15世纪时，更多的是作为驱寒的药水。最早的威士忌是专由僧侣们酿造，未经橡木桶陈酿，用来治疗各种疾病。之后亨利八世解散了修道院，于是僧侣们把蒸馏技术带到了苏格兰的民间。

爱尔兰的历史学家认为，最古老的苏格兰酿酒厂（位于艾拉岛）位于爱尔兰对面，而最古老的威士忌酒厂——爱尔兰的布什米尔酿酒厂（Bushmills）正式成立于1608年。他们还证明酿酒厂在正式成立之前，已经生产一段时间。他们用英国1602年出版的《彭布罗克郡纪实》中的话来证明论断："从爱尔兰来的移民大多曾经是手工业者，他们生产出了大量的'蒸馏酒'，然后用马和骡子驮着在英国贩卖。"

关于威士忌的起源，无论是爱尔兰威士忌还是苏格兰威士忌都承认一点，即它们有一个共同的祖先，这就是"生命之水"（蒸馏酒，拉丁语称为 Aqua Vitae，威尔士语称

为 Uisge Beatha）。后来逐渐成为苏格兰语中的 whisky 和爱尔兰语中的 whiskey。

1644年，苏格兰为抵抗英国、筹措军费，开征威士忌酒税。英国为应付战争开支，也于1661年对已吞并的爱尔兰地区征收威士忌酒税。几十年后英国完全控制了苏格兰，延续了苏格兰的威士忌酒税。威士忌酒税税负沉重，加之限制酿酒令，引起酿酒商人和农民的强烈不满。两地的私酿者与走私者在平民的帮助下与税官进行了百年的周旋。当时私酿者们为了酿制威士忌使出了浑身解数：改进原料，藏身于森林、岛屿、山洞里，伪装成其他种类的工厂，改造了酿酒器具，甚至还买通了税官……这些不得已而为之的举动反而促使威士忌的酒质大大提升。在当时，非法私酿的威士忌被视为品质优越的象征，百姓平民以能享受一杯私酿威士忌为荣幸。

威士忌的木桶贮藏法诞生在这个时期。为了避税，苏格兰的私酿者将造出的酒用橡木桶装好，藏在深山中，经过一段时间，发现酒味反而更加醇厚成熟，木桶贮酒陈酿也因此成为威士忌的标准工序，这种方法类似于白兰地的桶陈。

苏格兰的某些地区（如艾拉岛、斯佩塞等地）自然资源丰厚，拥有优良的水质和纯净的空气，酿造出来的苏格兰威士忌香气和口感风味有了质的飞跃。爱尔兰威士忌也经过改良原料配比，使用了未发芽与发芽的大麦混合酿制，久而久之这种酿造方式成就了现代爱尔兰威士忌的独特风味。

19世纪初，英国与荷兰打起了贸易战，禁止从荷兰进口金酒，私酿的威士忌又开始悄然流通于中产阶级并大受欢迎，最终，威士忌的威名也传到了当时的国王乔治四世的耳里，他于1822年到访苏格兰时要求喝一口真正的"格兰威特（酒厂名）"威士忌，品尝后国王大加赞赏，这件事标志着威士忌开始走向上流社会。地主绅士阶级也发现了可以利用威士忌增加财富，他们也加入了对威士忌酿酒工业的改革中来。

1823年，英国国王乔治五世造访苏格兰，更改了税收法律，使得合法生产威士忌可以获得利润；同时在1834年，一种能够大幅提高产量的蒸馏器被发明，威士忌获得了极大的发展空间，苏格兰威士忌达到了它的繁荣时代，很多新酒厂建立起来。其中，著名的有格兰菲迪酒厂（1886年）、百闻尼酒厂（1892年）等。

三、威士忌分类

威士忌按产地分为苏格兰威士忌、爱尔兰威士忌、美国威士忌、加拿大威士忌和日本威士忌等类别。苏格兰威士忌（Scotch Whisky）这一名字属于在苏格兰生产和陈化的威士忌；爱尔兰威士忌（Irish Whiskey）属于在爱尔兰共和国和北爱尔兰，或在其领土上的一些地区生产和陈化的威士忌。

四、制作工艺

威士忌的生产工艺极其精细、讲究，对原料、水质、蒸馏设备及方法、陈酿及混合等工序都有严格的规定。一般有以下六个步骤。

（一）发芽

首先，将去除杂质后的麦类（malt）或谷类（grain）浸泡在热水中使其发芽，其间所需的时间视麦类或谷类品种的不同而有所差异，一般需要1—2周的时间来进行发芽。待其发芽后，再将其烘干或使用泥煤（peat）熏干，等冷却后再储放大约一个月的时间，发芽的过程即算完成（图5.1）。

（二）糖化

将存放一个月后的发芽麦类或谷类放入特制的不锈钢槽中加以捣碎并煮熟成汁，其间所需要的时间为8—12个小时。通常，在磨碎的过程中，温度及时间的控制可以说是相当重要的环节，过高的温度或过长的时间都会影响到麦芽汁（或谷类的汁）的品质。

（三）发酵

将冷却后的麦芽汁加入酵母菌进行发酵（图5.2）。由于酵母能将麦芽汁中糖转化成酒精，因此在完成发酵过程后会产生酒精度为5%—6%的液体，此时的液体被称为"Beer"。由于酵母的种类很多，对于发酵过程的影响又不尽相同，因此，各个不同的威士忌品牌都将其使用的酵母的种类及数量视为商业机密，不会轻易告诉外人。

图5.1　发芽

图5.2　发酵

（四）蒸馏

蒸馏具有浓缩的作用，因此，当麦类或谷类经发酵后形成低酒精度的"Beer"后，还需要经过蒸馏的步骤才能形成威士忌酒，这时的威士忌酒精度在60%—70%，被称为"新酒"（图5.3）。

麦类与谷类原料所使用的蒸馏方式有所不同，由麦类制成的麦芽威士忌采取单一蒸馏法，即以单一蒸馏容器进行两次蒸馏过程，并在第二次蒸馏后，将冷凝流出的酒去头掐尾，只取中间的"酒心"（heart）部分成为威士忌新酒。由谷类制成的威士忌酒则采取连续式的蒸馏方法，使用两个蒸馏容器以串联的方式一次连续进行两个阶段的蒸馏过程。基本上，各个酒厂在筛选"酒心"的量上并无固定统一的比例标准，完全是依各酒厂的酒品要求自行决定，一般各个酒厂取"酒心"的比例多掌握在60%—70%，也有的

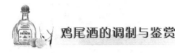

酒厂为制造高品质的威士忌酒,取其纯度最高的部分来使用。例如,享誉全球的麦卡伦(Macallan)单一麦芽威士忌即是如此,只取17%的"酒心"来作为酿制威士忌酒的新酒使用。

（五）陈酿

蒸馏过后的新酒必须要经过陈酿的过程,使其经过橡木桶的陈酿来吸收植物的天然香气,并产生出漂亮的琥珀色,同时亦可逐渐降低其高浓度酒精的强烈刺激感(图5.4)。在苏格兰地区有相关法令来规范陈酿的酒龄时间,即每一种酒所标示的酒龄都必须是真实无误的,苏格兰威士忌酒至少要在木酒桶中贮藏三年以上才能上市销售。有了这样的严格规定,既保障了消费者的权益,又使苏格兰地区出产的威士忌酒在全世界建立起了高品质的形象。

图5.3 蒸馏

图5.4 陈酿

（六）混配

由于麦类及谷类原料的品种众多,因此所制造而成的威士忌酒也存在着各不相同的风味。各个酒厂的调酒大师依其经验和本品牌对酒质的要求,按照一定的比例搭配,各自调配勾兑出口味与众不同的威士忌酒,也因此各个品牌的调配过程及其内容都被视为绝对的机密,而调配后的威士忌酒品质的好坏就完全由品酒专家及消费者来判定。

第二节 苏格兰威士忌

一、苏格兰威士忌的特点

苏格兰威士忌(Scotch Whisky)具有独特的风格,它的色泽为棕黄带红,清澈透明,气味焦香,略有烟熏味,口感甘洌、醇厚、劲足、圆正、绵柔。

苏格兰威士忌与其他威士忌相比,有独特的烟熏味。苏格兰烘烤麦芽都用泥煤作燃料,而酚类物质在这个过程中吸附在麦芽上,意外地增添了迷人的香气和口味。

二、苏格兰威士忌分类

苏格兰威士忌在使用的原料、蒸馏和陈酿方式上各不相同,可以分为四类:单一纯麦芽威士忌、纯麦芽威士忌、调和型威士忌和谷物威士忌。

(一)单一纯麦芽威士忌

单一纯麦芽威士忌(Single Malt Whisky)是以发芽的大麦为原料,所谓的"Single",指的是"单一酒厂"。

图5.5中的A,是只使用同一个酒厂中运用大麦芽酿造、储存于不同橡木桶中的酒,加水稀释调配的威士忌,酒精度为40%—50%,这是最常见的单一纯麦芽威士忌。

市面上常见的格兰菲迪(Glenfiddich),就是同时以酒厂的名字命名的单一纯麦芽威士忌,也就是说一瓶格兰菲迪15年,就是由格兰菲迪这个酒厂所酿造的威士忌调配而成的。每一个单一纯麦芽威士忌产品背后,都由调配师(blender)运用敏锐的感官和丰富的经验,使每一批产品的味道尽量接近。

图5.5中的B少了加水稀释的过程,这样的酒又称为"桶强"(Cask Strength,简称CS),酒标上多半也会注记,酒精度大多在50%—65%。"桶强"除了展现酒厂最原汁原味的味道,在品尝的过程中,慢慢分次加水降低酒精浓度,欣赏其中的香气变化,也是品尝CS的乐趣。

图5.5中的C,是直接从单一酒厂的单一橡木桶中的酒装瓶出厂的威士忌,称为"单一橡木桶"(Single Cask)。这种酒在酒标上往往会标明桶号,以及这瓶是几百瓶中的编号XX瓶。每一批的"单一橡木桶"都是最独特的,就算是同一酒厂,出自不同桶内,酒的味道与香气也往往大相径庭。喜欢上某一瓶"单一橡木桶"也是件让人苦

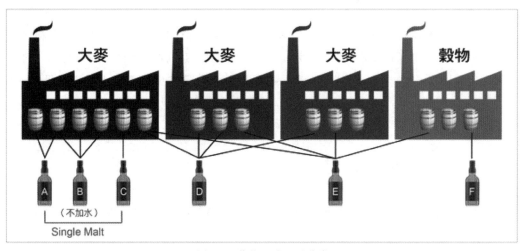

图5.5 苏格兰威士忌分类

恼的事,因为相同的味道全世界也只有两三百瓶,所以许多"单一橡木桶"一上市,往往被收藏家们争相大量收藏。毕竟,想再找到来自同一桶的酒,实在不容易。

（二）纯麦芽威士忌

纯麦芽威士忌是以各种单麦芽威士忌混合的饮品。图5.5中的D,使用了两间以上酒厂的纯麦芽酒调配装瓶,称为调和麦芽威士忌（Blended Malt Whisky）,也称为纯麦芽威士忌（Pure Malt Whisky）。像尊尼获加绿牌（Johnny Walker Green Label）和格兰特（Grant's）绿色瓶,就属于纯麦芽威士忌。

（三）调和型威士忌

调和型威士忌（Blended Whisky）是麦芽威士忌和谷物威士忌的混合饮品。图5.5中的E,运用了两间以上酒厂的酒,其原料有麦芽和谷物所调配的威士忌,则称为调和型威士忌。皇家礼炮（Royal Salute）、尊尼获加金牌（Johnny Walker Gold Label）就是这一类的威士忌。调和型威士忌与单一纯麦芽威士忌相同,由调配师统一每批次的味道。

（四）谷物类威士忌

谷物类威士忌（Grain Whisky）主要用作生产调和型威士忌。图5.5中的F,利用谷物酿造（大多为小麦、黑麦或玉米）后而成,则称为"单一谷物威士忌"（Single Grain）。谷物类威士忌通常作为调配使用,少数会装瓶在市面上贩卖。谷物类威士忌口感相对较轻柔,带有黑糖、焦糖或者香草香气。有的时候可以在巧克力蛋糕上淋上一些谷物类威士忌,让蛋糕更有层次感。

现在很多人喜欢单一麦芽威士忌,是由于在所有的酒中,单一麦芽威士忌似乎是个特例。它复杂,馥郁芬芳,品味之旅如同走在铺满各种鲜花和鲜果的苏格兰山坡上;它简单,简单到只需大麦制作就足矣,因为它所向往的极致,就是纯粹、自然。单一麦芽威士忌已经成为成功人士彰显品位的酒款,它代表着他们性格中的某些特征:强烈、迷人,又能够回归平和。不仅男性喜欢它的纯粹,越来越多的女性也爱上这种充满个性的味道。

事实上,最早的威士忌就是"单一麦芽"威士忌。但因为100%采用大麦,制作精良、成本很高,当时的政府为了保证大麦的供给,对酿酒商课以重税。后来随着"科菲蒸馏器"的问世,人们开始用其他谷类（如小麦、燕麦等）大量生产威士忌以降低成本。但由于其品质和口感逊于麦芽威士忌,酒商不得不向其中勾兑少量的麦芽威士忌以改善口感,于是才有了调和威士忌。

三、苏格兰威士忌产区

如图5.6所示,苏格兰威士忌产区可以分为高地（Highlands）、低地（Lowlands）、斯佩塞（Speyside）、艾拉岛（Islay）和坎贝尔镇（Campbeltown）。下面我们将对各个产区进行简要介绍。

（一）高地

高地产区因为面积辽阔，分为四个子产区，分别是东部高地、西部高地、南部高地和北部高地。四个子产区所产的威士忌风格各异，东部高地的威士忌酒体适中偏高，口感柔顺，稍带甜味，但是余味干爽，这也是高地威士忌非常经典的特点；西部高地的蒸馏厂相对来说比较少，所产的威士忌酒体轻盈，带有比较明显的海风味；南部高地的威士忌风格同东部高地非常类似，柔顺而甜美；北部高地所产的威士忌酒体适中，口感复杂，有时带有淡淡的海盐味，泥煤味也比较明显。

（二）低地

低地产区酿造蒸馏威士忌已经有150多年的历史，其所出产的威士忌通常酒体轻盈，香气也比较轻淡，口感清新，带有青草及柠檬味，入口时微甜，但是马上就变得干爽，余味非常短促，适合当餐前开胃酒饮用。

图5.6　苏格兰威士忌主要产区

（三）斯佩塞

无论是从地理位置还是从威士忌的风格上看，斯佩塞更像是高地产区的一个子产区。斯佩塞虽然面积不大，但是却集中了苏格兰一半以上的蒸馏厂，比包围它的高地产区要多得多，而且在风格上也更具多样性。该产区所出产的威士忌可以说是苏格兰威士忌的精髓所在。

内行人对斯佩塞的一致评价是芳香馥郁、甜度较高。风格主要有三种：第一种酒体轻盈，有充沛的花香、果香；第二种类似高地威士忌，酒体优雅，但香气更浓，时有偏干；第三种酒体饱满，在西班牙雪莉橡木桶内陈酿后展现出更为迷人的风韵，常令人联想起水果蛋糕、干果蜜饯，甚至巧克力。斯佩塞大部分酒厂所使用的烟熏大麦芽的泥煤强度都非常低，通常是2—5 ppm。值得说明的是ppm这个单位，拿泥煤来烟熏发芽的大麦，将其烤干，在麦芽上会留下一种酚类物质，酚类物质依其所占比例以ppm为单位，碳酸值为1—10 ppm属于轻度泥煤，10—30 ppm属于中度泥煤，30—50 ppm属于重度泥煤。

目前斯佩塞共有50家左右的蒸馏厂，因为斯佩塞和高地在分界上模糊化的原因，有些蒸馏厂很难说到底是斯佩塞的还是高地的，但是无论如何，斯佩塞作为苏格兰威士忌的中心，这一地位是永远无法撼动的。

（四）艾拉岛

艾拉岛产区是苏格兰非常重要的泥煤产地，其所产的威士忌以其浓重的泥煤香而

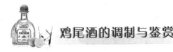
出名,也是苏格兰威士忌中风格最具野性的。当然并不是所有的威士忌都这样,也有些产品完全没有泥煤味,如吉拉(Jura)、布鲁莱迪(Bruichladdich);有些稍带烟熏泥煤味,如大力斯可(Talisker)、高原骑士(Highland Park);拉弗格(Laphroaig)、阿贝(Ardbeg)和卡尔里拉(Caolila)泥媒味很重。

（五）坎贝尔镇

19世纪中期时,坎贝尔镇就开始蒸馏威士忌,曾经也算是苏格兰威士忌的中心,不过如今已从当初的28个蒸馏厂减少到现在的3个,产量非常低。该产区所产威士忌的风味也主要以泥煤味和海盐味为主,著名的酒厂包括云顶(Springbank)和格兰帝(Glen Scotia)。

四、苏格兰威士忌名品

（一）纯麦芽威士忌

1. 格兰菲迪15年单一纯麦威士忌(Glenfiddich 15 Years Solera Single Malt)

格兰菲迪来源于古老的盖尔语,Glen代表山谷的豪迈,Fiddich代表麋鹿及其奔放的激情,完整的含义为鹿之谷。1886年,创始人威廉·格在苏格兰高地、斯佩塞地区开始了他的梦想——创造"山谷中最好的威士忌"。

格兰菲迪15年单一纯麦芽威士忌(图5.7)经过西班牙雪莉橡木桶、美国波本橡木桶和全新美国橡木桶熟成后,在手工特制的苏罗拉融合桶中融合静置,层次丰富而余味悠长。苏罗拉融合桶内始终维持一半以上的酒量,再注入新酒,新酒与旧酒的风味在此交融,创造出威士忌的特色及浓烈的丰富风味。

色泽呈金黄色。香气则散发香甜石楠花蜜与香草软糖般的综合迷人香韵,融合浓郁的果香。口感如丝绸般顺滑,散发雪莉橡木桶、杏仁糖、肉桂与花蕊融合而成的多层次香气,浓郁圆润。余韵香甜萦绕,令人感到持久的满足。

图5.7　格兰菲迪15年单一纯麦威士忌

2. 皇家蓝勋12年高地单一麦芽威士忌（Royal Lochnagar 12 Years Single Malt）

高地代表性的威士忌当属皇家蓝勋12年高地单一麦芽威士忌（图5.8）。作为高地酒的典型代表，这款麦芽酒不但精妙细致，而且带有纯正的橡木桶味，散发着甜润的芳香，由清淡逐渐转至浓郁。

东部高地最具代表性的Royal Lochnagar蒸馏厂，是苏格兰最小的酒厂之一，使用小而精致的蒸汽加热蒸馏器和传统的冷凝桶。有强烈的雪莉木桶香，香甜中又带酸涩的回味，有相当明显的高地特色。在皇家蓝勋酒厂的仓库中，调酒专家每发现一桶最为珍稀的陈酿威士忌酒时，都会在酒桶上用XR做标记。这些珍贵的纯麦芽威士忌酒液，也是尊尼获加蓝方苏格兰威士忌和温莎XR苏格兰威士忌的重要基酒之一。

图5.8　皇家蓝勋12年高地单一麦芽威士忌

颜色呈淡琥珀色。香气并不很明显，初闻如刨下的木头、淡太妃糖、游艇油漆气味，亚麻子油香隐藏在后，之后有着荔枝般的酸度。加水稀释后酸度降低，感觉更甜而有着愉悦而新鲜的木头味，使人有温暖的沙子、磨碎的咖啡加上红糖般的联想。酒体中等。口感愉悦，初始的甜味很快地被酸度盖过。尾韵干涩，中等长度，有着吸引人的缭绕檀木味。

3. 格兰昆奇12年单一麦芽威士忌（Glenkinchie 12 Years Old Single Malt）

低地没有高地陡峭的地形，也没有高地强风的吹拂，但有着缓和的地势以及温和的气候，这一片肥沃农田，生产丰富的谷物，也蕴藏着充足的泥煤，所以低地的农民会因此转而制造威士忌。

低地比较有名的就是格兰昆奇12年单一麦芽威士忌（图5.9）。酒厂的蒸馏师们经过多次试验发现，12年陈酿能很好地展现低地威士忌酒中夹带花草清香的特点。因此，这款威士忌不仅受到消费者的喜爱，也倍受威士忌调和师的欢迎。近年它还在久负盛名的Scotch Whisky Masters Competition（顶级苏格兰威士忌评选）中获得"金牌"大奖。

颜色呈淡金色。闻香：青草与谷物，由简单但富存在感的橡木支撑。逐渐感觉到更多香气：细致的胡桃与杏仁调性，一点野花、一点蜂蜜与柑橘调性，有些麦片粥风味。酒体轻而不确定。口感有很直接的甜味与水果味，再次出现美好的橡木风味，给予足够的支持感，平衡。终感中等偏长，到这里才有更多青草味。这款酒与帕玛森干酪搭配起来特别合拍，也可以尝试罗卡奶酪饼干，建议先品尝一口再纯饮一口

图5.9　格兰昆奇12年单一麦芽威士忌

格兰昆奇威士忌。

4. 拉弗格10年单一麦芽威士忌（Laphroaig 10 Years Old Single Malt）

拉弗格在盖尔语中是"宽阔海湾边的美丽山谷"之意。拉弗格10年单一麦芽威士忌（图5.10）正像它的发源地——坐落在苏格兰西部的艾拉岛一样，适度烟熏，带有甜、温暖的低调，微微的海盐味和雄厚的泥煤味令人难忘。

拉弗格（Laphroaig）酒厂位于艾拉岛最南端的海湾处，是唯一一家所有的威士忌都100%用美国橡木桶直接陈酿的蒸馏厂。他们坚持认为，葡萄和谷类是完全不一样的味道，是不可能混在一起的，虽然雪莉桶可以带来滑顺的口感，但是也会扼杀大麦的香气。拉弗格也是少数坚持自己发芽的蒸馏厂，因为他们认为唯有这样才能控制烟熏的程度，制造出想要的大麦的气味。

《全球威士忌指南》一书的作者Michael Jackson将此酒形容为："嗅觉部分混合着硫黄与沥青的气味，让人感觉到温暖的腐烂气息。口感方面一开始有着淡微的香草和薄荷甜味，中段之后突如其来的是爆炸般的泥煤味，富含艾拉岛的强烈特征。终段口感圆润悠长，满口温暖的香气。"

颜色呈闪闪发光的金色。香气有强烈的烟熏味、碘药水味及海风气息。口感为适度烟熏，带有甜、温暖的感觉，微微的海盐味和雄厚的泥煤味充斥鼻腔。余味饱满绵长，令人陶醉。

5. 云顶10年单一麦芽威士忌（Springbank 10 Years Single Malt）

云顶酒厂坐落在坎贝尔镇，是苏格兰唯一一家从生产麦芽、蒸馏、陈酿到装瓶皆自给自足的大型酒厂，传承200年至今，旗下威士忌自发酵、蒸馏到储存，几乎都采取全手工方式打造，更坚持不冷凝过滤，不加焦糖着色，维系最正统的苏格兰威士忌风味。

云顶10年单一麦芽威士忌（图5.11）有清新的泥煤味，伴随成熟果实和酵母的香味，入口平衡的椰子香并混合泥煤、香料带来的辛辣感，回味持久。云顶威士忌充满浓

图5.10　拉弗格10年艾拉岛单一麦芽威士忌

图5.11　云顶10年单一麦芽威士忌

浓的甜味香气,只要一打开瓶栓,香气会立即散发到房子的各个角落,喝到嘴里的感觉犹如丝绸般滑顺,充满浪漫氛围,是女性最爱的威士忌之一。

色泽根据陈酿橡木桶不同而有所变化,浅金色到深邃色皆有可能。闻起来有咸豆蔻与肉桂芳香,另有香橙果肉与意外醋香,十分怡人。余味甜咸俱备,烟香悠然。

(二)调和威士忌

1. 芝华士(Chivas Regal)

芝华士公司1801年成立于苏格兰阿柏丁,是全世界最早生产调和威士忌并将其推向市场的威士忌生产商,同时也是威士忌三重调和的创造者。其创始人是詹姆斯·芝华士和约翰·芝华士兄弟。凭借丰润、独特的风格和200多年的悠久历史传承,芝华士成为世界最负盛誉的高级苏格兰威士忌之一(图5.12)。

图5.12　芝华士12年、18年和25年

(1)芝华士12年(Chivas Regal Aged 12 years Blended)。

芝华士将多种不同的麦芽和谷物苏格兰威士忌进行调和,并且历经至少12年陈酿。馥郁、顺滑的风味将时尚与口感完美融合,经典优雅而不失现代风采。芝华士12年行销全球200多个国家和地区,年销售量达4 700万瓶。每一秒钟不到,就有一瓶芝华士在世界某一地方被打开分享。

色泽呈温暖的琥珀色。香味有清甜的橙香、饱满的秋果香和温暖的花蜜香,引出肉桂的辛甜芳香。口感醇和,有浓郁的蜂蜜、苹果甜味,伴随香草、奶油与榛子温和的干果香。回味浓郁、醇正、温和。

(2)芝华士18年(Chivas Regal Aged 18 years Blended)。

由芝华士首席调酒师Colin Scott缔造的芝华士18年苏格兰威士忌被认为融合了所有芝华士的精髓——醇和细腻、风格独特、卓然出众。Colin Scott认为:"每一种用于调配的威士忌都经过千斟万选的芝华士18年,体现了芝华士对于醇厚完美的苏格兰威士忌的执着和梦想。"每一桶威士忌都是从保存了至少18年的威士忌中精挑细选出来的,还包括一些已经很稀有的威士忌。因此,芝华士18年佳酿不是每年都可以酿造的。每瓶的瓶身上都标有特殊的系列编号。这就意味着每瓶酒都可以查出它的调制方法、装桶的年份和蒸馏的时间。

颜色呈饱满的琥珀色。气味混合着柔软甜蜜的花香、醇厚的淡淡烟草味和浓厚的果香。口味有醇和果香和柔软果核香,伴随清甜烟草味。回味浓郁、醇正、绵长。

（3）芝华士25年（Chivas Regal Aged 25 years Blended）。

芝华士25年是一款特别调和且限量生产的极致苏格兰威士忌,每瓶瓶身都拥有唯一编号,由 Colin Scott 精心调和。延续当年传奇人物 Charles Howard 酿造首瓶芝华士时完全相同的传统配方与工艺,并且每一桶上等威士忌都经由 Colin 亲手挑选和甄别。

色泽呈纯金色。香味由诱人的甜橙、水蜜桃果香引出杏仁等坚果的幽香。口感为浓郁的牛奶、香橙、巧克力口味与奶油软糖的香甜交融。回味顺滑、饱满、悠长。

2. 尊尼获加（Johnnie Walker）

约翰·沃克（John Walker）于1820年在苏格兰的 Kilmarnock 开了他的第一家商店,并开始供应由他自己调配的威士忌。1920年,尊尼获加就已向全球120个国家出口,在可口可乐走出亚特兰大之前便成为第一个真正的世界性品牌。1933年,生产尊尼获加的 Distillers 公司被授予皇家特许权,向乔治五世特供威士忌,至今它仍是英国皇室的威士忌官方供应商。

1908年著名的插图画家汤姆·布朗（Tom Browne）为公司设计标识,而他设计出的这个标识被认为和尊尼获加的创始人约翰·沃克非常的相似：长及膝盖的裤子、工装衣服、眼镜、帽子和手杖。手不仅是用来拿绅士手杖,更是勾兑出无数独一无二威士忌的一双手;脚不仅是因为它与行走有着千丝万缕的联系,还在于一种精神意义的形成:不断前进,永不放弃。"行走的绅士（striding man）"代表着尊尼获加对高品质的极致追求,正如篮球场上,永远没有最好,只有更好。对于勾兑威士忌艺术也是如此:一丝不苟的精神,永远不断探索、前进的步伐……

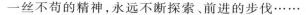

（1）尊尼获加黑牌（Johnnie Walker Black Label,图5.13）。

尊尼获加黑牌是由尊尼获加公司装瓶的,由大概40种单一麦芽威士忌调配而成,每一种都是至少12年陈酿的苏格兰威士忌。

沃克家族早在19世纪80年代就开始销售黑牌。但是黑牌真正开始广为人知,恐怕要到第二次世界大战后了。当时苏格兰威士忌的销量急剧上升,12年陈酿的威士忌在这时极为受宠,结果是造就了黑牌独特的地位。很多时候黑牌都被拿来同皇家芝华士比较,或许是因为这两者的销量都是相当好,知名度也不相上下,而且也都是12年陈酿的苏格兰威士忌。有人形容这两者:芝华士如同一个温顺的淑女,黑牌却如有个性辣妹。黑牌的强烈个性源自公司的创始人约翰·沃克,与多数调配师不同的是,约翰·沃克非常重视各种单一纯麦芽威士忌的不同特色,而且将这种特色淋漓尽致地表现了出来。他还采用了几种个性强烈、充满活力的单一纯麦芽威士忌。约翰·沃克的这种风格

图5.13　尊尼获加黑牌

被一代一代地传承下来,这使得尊尼获加公司的出品始终充满独特的风味。

尊尼获加黑牌威士忌获得了无数奖项。细细品尝,将会感受到尊尼获加黑牌威士忌深邃复杂的口味:首先是丝绒般醇厚顺滑的口感,有水果味和丰富的果子味,还可以品尝出浓郁的香草味。

（2）尊尼获加蓝牌（Johnnie Walker Blue Label,图5.14）。

蓝牌是尊尼获加系列的顶级醇酿,精挑细选来自苏格兰多地最优质、最稀有的窖藏酒桶中最陈酿的威士忌细心调配而成,当中包含了年份高达60年的威士忌,部分源出纯酿的原厂已不复存在。酒质独特,醇厚芳香。

图5.14 尊尼获加蓝牌

这款威士忌经39位能工巧匠亲手检测、打磨和封瓶,并获得

图5.15 尊尼获加金牌

调酒大师绝无仅有的个别编码,彰显稀有珍贵,赋予其与众不同的经典内涵。尊尼获加蓝牌威士忌旨在呈献一种醇厚、馥郁、深沉和多层次的口感体验。首先以冰水清口,让味蕾焕然一新;接着轻抿一口,顺滑的酒液在齿间流动,丰富而和谐的风味层层绽放。

（3）尊尼获加金牌（Johnnie Walker Gold Label,图5.15）

尊尼获加金牌酒龄18年,是尊尼获加家族于1920年为庆祝成立一百周年而创制,当时只供少数贵宾享用。金牌采用源于克莱米尔顿溪（Clynemilton Burn）含金岩层的天然泉水,使酒质醇和而不带泥煤烟熏味。

卡杜（Cardhu）散发出麦芽和橡木的味道,浓郁且流畅,完全成熟的谷物威士忌传递出回味无穷的甜香味;而来自北方高地的克莱力士（Clynelish）则让酒具有其独特的奶油芳香。先小嚼一块杯中的蜜饯（菠萝干）,再浅尝一口金牌珍藏威士忌,蜜糖般醇厚柔滑的果香充盈味蕾,深邃迷人的余味悠长,复杂但均衡。圆润清新的口感绽放,尽享在舌尖慢慢融化的独特享受。

（4）尊尼获加红牌（Johnnie Walker Red Label,图5.16）

尊尼获加红牌是全球销量最高的苏格兰威士忌,调配技术考究并紧随1909年的原创配方酿制。每一瓶红牌都各具独特的味道,因而享誉全球。在1996年全球最权威的国际洋酒大赛上,红牌更赢得苏格兰调配威士忌的金奖。

正如康定斯基所说的那样:"每一种色彩都可以是冷的,也可以是暖的,但任何色彩中也找不到在红色中所见到的那种强烈的热力。"这款经年而充满活力的威士忌是烟熏麦芽、柔滑香草和辛辣口感的完美融合。红牌威士忌入口后,即感口舌生津,

图5.16 尊尼获加红牌

带有波浪荡漾开去时水花溅起的清新气息；随后是香料香味带给人的兴奋感；最后的回味连绵悠长，带有些许的烟熏香味，口感丰富。"甜辣椒"这个词就是对该酒刺激味蕾那种微辣口感的最好描述。

（5）尊尼获加绿牌（Johnnie Walker Green Label，图5.17）。

尊尼获加绿牌通过绿色这种自然健康的色彩标签，调制出纯麦芽威士忌，自然的口感和醇厚的酒香，将视觉、嗅觉、味觉的旅程从城市的紧张延伸至苏格兰纯净的绿色大地。

绿牌精选苏格兰各地15年以上的大麦芽威士忌调制而成，蕴含层次丰富的自然风味，有烟熏泥煤和花果清香。清净海盐与纯麦香味的层次先后纷涌。苏格兰各地自然风味尽收瓶中，每一口都是味觉的自然之旅。

图5.17　尊尼获加绿牌

颜色呈浓艳的琥珀金。糅合多种自然香气，有丰富柔和的烟熏味、巧克力味和芳香的檀木香气。味觉之旅始于海滨，然后飘至内陆，感受湿润的苔藓，再穿越终年绿意盎然的森林，接着是充满异国情调的塞维利亚橙皮、炖蜜桃和酸樱桃。余味悠长辛辣。

（6）尊尼获加尊爵（Johnnie Walker Premier，图5.18）。

尊尼获加尊爵严选28种在雪莉橡木桶及波本橡木桶储存熟成中，口感最香醇、年份最完美的威士忌基酒来加以调和。其风味平顺圆融，充分表现出苏格兰各地名酿风味且集其大成。

3. 皇家礼炮21年调和苏格兰威士忌（Royal Salute 21 Years Old Blended）

图5.18　尊尼获加尊爵

1953年，英国女王伊丽莎白二世加冕登基，芝华士兄弟公司推出了21年的极品威士忌，并以21响礼炮为名来庆贺女王的加冕，皇家礼炮也作为极致时分的当然标志，从此走上了世界的舞台。

图5.19　皇家礼炮

皇家礼炮的包装非常有特色。"皇家蓝"底色与"双菱钻"勋章图案礼赞与英国皇家的渊源，镂空的钻石菱格灵感源自宫殿中的古典装饰元素，"前开门"式外盒开启内壁的艺术画作，延续经典的蓝宝石瓷樽呼应加冕王冠上的珍贵宝石。盒中艺术画作由知名艺术家Kirstjana Williams特别创作，描绘历史上英国伦敦塔皇家动物园中由各地君王献礼来的珍禽异兽（图5.19）。

"皇家礼炮"的酿造注重精细。首

先,酒液要在橡木桶中存放一段时间,然后再将它装在曾存放西班牙雪利酒或美国波本威士忌的蓝色瓶中,这些瓷瓶全部由英国知名陶瓷厂"Wade"的工匠们手工制作而成。皇家礼炮将苏格兰高地最为珍贵的麦芽威士忌与谷物威士忌进行最为完美的融合,并在精心挑选的橡木桶里历经至少21年的时光酝酿而成。2005年,皇家礼炮21年再获两项殊荣:2005年国际烈酒挑战赛金奖,以及至尊威士忌大赛中的最佳苏格兰调和威士忌。

香气有蜜梨、柑橘和秋花交织汇聚成橡木烟熏的香草芬芳。品尝后蜜梨和柑橘果浆自舌尖滑入;再品味,榛果辛香充盈唇齿间,烟熏赋予暖意。余味包含力量,回味悠长。

4. 百龄坛调和苏格兰威士忌(Ballantine's Blended Scotch Whisky)

"百龄坛"的徽章是在1937年由英国皇室所赐。百龄坛拥有特醇从12年、17年、21年到30年全系列的威士忌产品(图5.20)。

(1)百龄坛12年(Ballantine's Blended Scotch Whisky 12 years)。

这是一款醇厚、幼滑而复杂的威士忌,由特选单一麦芽威士忌和谷物威士忌调和而成。蜂蜜甜夹杂橡木和香草恰到好处的复杂混合香气,蜂蜜和花香口味与绵密细腻橡木甜味的完美结合。酒质湿润醇和,具有浓郁的雪梨香味。

(2)百龄坛21年(Ballantine's Blended Scotch Whisky 21years)。

百龄坛21年颜色呈亮红或金色。气味馥郁,蜂蜜甜带有淡淡的苹果和花朵的芳香。口感顺滑,醇厚的甘草和芳香香气夹带石南花和烟熏的气息。回味悠长、柔和,带有一丝干果香气。

图5.20 百龄坛12年、21年、30年

第三节 其他地区的威士忌

一、爱尔兰威士忌(Irish Whiskey)

(一)特点

用大麦、小麦、黑麦等的麦芽作原料酿造,经三次蒸馏,入桶陈酿8—15年,酒精度

40%。装瓶时还要混合掺水稀释。因原料不用泥煤熏焙,所以没有焦香味,口味比较绵柔长润,适用于制作混合酒与其他饮料共饮。

爱尔兰威士忌与苏格兰威士忌在制作材料上差异并不大,一样是用发芽的大麦为原料,使用壶式蒸馏器三次蒸馏,并且依法在橡木桶中陈酿3年以上的麦芽威士忌,再加上由未发芽大麦、小麦与裸麦,经连续蒸馏所制造出的谷物威士忌进一步调和而成。然而,爱尔兰威士忌的做法与苏格兰威士忌有两个比较关键的差异:第一是爱尔兰威士忌会使用燕麦作为原料;第二是爱尔兰威士忌在制造过程中几乎不会使用泥煤作为烘烤麦芽时的燃料。

（二）分类

爱尔兰威士忌可分为:壶式蒸馏威士忌（Pure Pot Still Whiskey）、谷物威士忌（Grain Whiskey）、单麦芽威士忌（Whiskey Single Malt）和混合威士忌（Blended Whiskey）。

壶式蒸馏威士忌同时使用已发芽与未发芽的大麦作为原料,百分之百在壶式蒸馏器里面制造,相当于苏格兰的纯麦芽威士忌,使用未发芽的大麦做原料,带给爱尔兰威士忌较为青涩、辛辣的口感。纯壶式蒸馏威士忌可以独立装瓶出售,也可以与麦芽威士忌调和。通常,调和式的爱尔兰威士忌并不会特别标明其基底是使用谷物威士忌还是纯壶式蒸馏威士忌。爱尔兰和美国的威士忌拼法和其他地区不同,不是"Whisky",而是"Whiskey"。当地人笑称,多了一个"e"表示爱尔兰和美国的威士忌更excellent（优秀）。

（三）名品

1. 尊美醇调和爱尔兰威士忌（Jameson Blended Irish Whiskey）

尊美醇（图5.21）是世界上销量最好的爱尔兰威士忌之一。苏格兰人约翰·詹姆森（John Jameson）是尊美醇威士忌品牌的创立者,为了纪念詹姆森的先辈们在17世纪与海盗们的勇敢抗争,詹姆森家族将家训定为"Sine Metu",意思是永不畏惧。现在可以在尊美醇威士忌标签上的家徽位置找到这句话。

标签上的1780年是鲍德街蒸馏厂（Bow Street Distillery）酒厂的建立时间,建立酒厂的人并不是约翰·詹姆森,而是约翰·斯坦（John Stein）——詹姆森妻子的娘家人。1786年,John Jameson成为酒厂的总经理,只是酒厂的经营者,到1805年,他才成为酒厂真正的老板,全面接管酒厂。19世纪70年代的爱尔兰只有唯一一家公司生产威士忌。1966年,本土三家蒸馏酒商John Power & Son, John Jameson & Son和Cork Distillery Company进行合并运营,成立了爱尔兰制酒公司（Irish Distillers）,成为爱尔兰唯一一家生产销售威士忌的公司。

从1968年起,酒厂才开始售卖瓶装的威士忌,而之前的近两个世纪里,威士忌都是用木桶装起来销售的,现在的尊美醇威士

图5.21　尊美醇威士忌

忌属于保乐力加公司（Pernod Ricard），世界上最大的烈酒商之一，总部在法国，它在1988年买下了爱尔兰制酒公司，拥有尊美醇这个品牌。

尊美醇威士忌独特的酿造传统始于1780年，酿酒大师约翰·詹姆森创建了最适合尊美醇爱尔兰威士忌的三次蒸馏工艺。经过三次蒸馏后，酒体呈现双倍顺滑。还有一个特别的工艺是精确平衡地调配已发芽与未发芽大麦之间的用量比，用适当的比例制造出天然麦香。另外，平衡也来自雪梨橡木桶的甜美坚果味和烤木香，以及来自波本橡木桶的香草味道。口感清淡柔和。

2. 布什米尔斯10年单一麦芽威士忌（Bushmills 10 years Single Malt Irish Whiskey）

布什米尔斯酒厂的历史可以追溯到1608年。这也是今天布什米尔斯威士忌的前身。虽然位于爱尔兰北部，在琴泰群岛中马尔岛南边航线上，比苏格兰岛大部分的威士忌产地更靠南，布什米尔斯威士忌的酿酒方法汲取了几个世纪蒸馏法的精髓。直到今天，这些酿酒的技术和传统依旧持续着，所有的固执与坚持都只为保证每一滴布什米尔斯威士忌都带给品尝者入口难忘的纯正口感。来自爱尔兰海的清凉海风赋予了这里的威士忌清新甘甜的口感。四百年造酒经验的沉淀，更为今天的布什米尔斯威士忌增添了一缕历史的芬芳。在原料选择上，布什米尔斯只选择百分之百发芽的大麦。直至今日，布什米尔斯仍坚持用爱尔兰铜壶进行蒸馏。酒桶只采用产自美国肯塔基州、西班牙、葡萄牙和马蒂拉岛四地所产的木桶，每只酒桶都有严格的使用寿命。另外一个特点是麦芽的蒸馏、混合、发酵和装瓶都在同一个地点。

图5.22　布什米尔斯10年单一麦芽威士忌

布什米尔斯10年单一麦芽威士忌（图5.22）呈深琥珀色。香气是清淡的果香和微带辣味的花香。口感是融化的巧克力充满舌尖，甘甜的蜂蜜使人如同置身蜂房。余味干净利落，如同水滴滑过般慢慢消散。

二、美国威士忌（American Whiskey）

美国威士忌以玉米和其他谷物为原料，原产美国南部，用加入了麦类的玉米作酿造原料，经发酵、蒸馏后放入内侧熏焦的橡木酒桶中陈酿2—3年。装瓶时加入一定量的蒸馏水来稀释，美国威士忌没有苏格兰威士忌那样浓烈的烟熏味，但具有独特的橡树芳香。

美国威士忌是在征服新大陆的爱尔兰和苏格兰移民的到来之后出现的。最初的赋税是1791年由乔治华盛顿（Washington）指定的，这迫使一些宾夕法尼亚州的酿酒商迁移到了美国的内陆地区以寻求清洁的水源。这样，肯塔基州就成了最著名的美国威士忌故乡。这种威士忌是以波本（Bourbon）郡的名字命名，它们从这里被运送到新

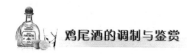

奥尔良。波本郡是以光荣的法兰西波本王朝命名的，同时也是为了感谢在美国独立战争期间，在这块土地上同英国人作战的法国人。

美国威士忌分类的主要方法有：按照基本生产工艺划分为纯威士忌、混合威士忌、清淡威士忌；按照使用的谷物划分为波本威士忌、黑麦威士忌、玉米威士忌、小麦威士忌、麦芽威士忌；按照发酵的过程划分为酸麦威士忌、甜麦威士忌；按照过滤的过程划分为田纳西威士忌；按照国家监管体系划分为保税威士忌；按照个性特点划分为单桶威士忌、小批量波本威士忌和年份威士忌。

（一）美国威士忌类别

1. 纯威士忌（Straight Whiskey）

纯威士忌是通过对发酵好的谷物麦芽糖进行蒸馏后获得，在成分上有不少于51%的谷物种类，蒸馏后的浓度不要超过160proof（80%）。在陈酿之后，应该用水把它稀释到不超过125proof（62.5%），在橡木桶中保存的时间应该不少于2年，每瓶酒精浓度不低于80proof（40%）。这种威士忌只能在同一家酿酒厂生产，有以下五种。

（1）波本威士忌（Bourbon Whiskey）是最著名的也是最古老的美国威士忌。它以谷物为原料，其中包含不少于51%的玉米。这种威士忌以肯塔基的波本郡来命名。在波本郡保留了很多酿酒厂，今天的波本威士忌大部分都是肯塔基州生产的。在橡木桶中保存不少于4年才能算是合格的，有些时间更长。

（2）黑麦威士忌（Rye Whiskey），用谷物麦芽生产，原料中有含量不少于51%的黑麦。

（3）玉米威士忌（Corn Whiskey），用谷物麦芽汁生产，原料中有含量不少于80%的玉米。

（4）小麦威士忌（Wheat Whiskey），原料中有不少于51%的小麦。

（5）麦芽威士忌（Malt Whiskey），用谷物生产，原料中含有不少于51%的大麦。也可以用黑麦。

2. 混合威士忌（Blended Whiskey）

混合威士忌是将不少于20%的纯威士忌和80%的其他类型威士忌混合而成。

3. 清淡威士忌（Light Whiskey）

清淡威士忌是通过高温将酒精浓度蒸馏到160—190proof（80%—95%），馏出物中含有少量次要成分，将其存放于橡木桶中，这种方式使酒含有淡淡的味道。

4. 田纳西威士忌（Tennessee Whiskey）

这种威士忌特别的地方是在蒸馏之后，馏出物要经过枫树烧成的木炭过滤，使之更加纯净。也正是这最后一道工序，使之得名田纳西威士忌。

5. 保税威士忌（Bottled-in-Bond Whiskey）

这种酒一般保存4—8年，在酒窖里存放时受到国家监督，保证威士忌的储存年份，并免除酿酒商一切税赋。

6. 单桶威士忌（Single Barrel Whiskey）

为了追求更有影响、质量更好的威士忌，酿造商建议生产者为表现力丰富的威士忌使用不同的酒桶。在生产的各个阶段，每个酒桶保存的条件都不相同，不可避免地会对威士忌的味道产生影响，而将威士忌放在同一酒桶中，其味道也就不像存放在不同酒桶中那样会有太大差异。

7. 小批量波本威士忌（Small Batch Bourbon Whiskey）

这种威士忌起源于一小批经过精挑细选的波本威士忌。

8. 年份威士忌（Vintage Whiskey）

这是威士忌的一种，表明酒类个性化的进步，每瓶酒会在标签上注明蒸馏和装瓶的年份。

（二）美国威士忌名品

1. 杰克·丹尼NO.7波本威士忌（Jack Daniel's Black Label Old No.7 Brand Sour Mash Whiskey）

杰克·丹尼酒厂1866年诞生于美国田纳西州林芝堡，是美国最古老的注册酒厂。杰克·丹尼（图5.23）是世界十大名酒之一，畅销全球130多个国家，单瓶销量多年来稳居全球美国威士忌之首。其不同于其他波本威士忌之处，是首先将优质糖枫木高温煅烧为炭，然后让每一滴威士忌都经过3米多厚的木炭精心柔化，最后放入手工制作的酒桶中熟成，只有当酒味达到品酒师的要求时，才能出厂。

杰克·丹尼威士忌的瓶标上有个神秘的数字"7"，有人说这是指它的创始人杰克先生当初调配杰克·丹尼时选定了第7个配方，有人说这是杰克先生最为怀念和喜爱的第7个女朋友……众说纷纭，真相却已无从知晓。但可以肯定的是，"7"是杰克·丹尼的幸运数字，所以杰克·丹尼在1981年获得第7枚金牌后，就决定不再参加任何酒类比赛，因为杰克·丹尼的高品质不再需要外界奖项来证明。

2. 四玫瑰波本威士忌（Four Roses Kentucky Straight Bourbon Whiskey）

四玫瑰，这个牌子背后有个典故。该品牌创始人波尔·优斯深为一位绝世美女所吸引，这位美女面对优斯的求婚时，胸口佩戴着四朵玫瑰的别针出现在舞会里，而且欣然答应他的求婚。还有一种说法是因创始人有四个美丽的女儿而得名。

四玫瑰波本威士忌（图5.24）酒厂已有100多年的历史，是美国唯一一家将仓库温

图5.23　杰克·丹尼NO.7波本威士忌　　图5.24　四玫瑰波本威士忌

度降到最低的酒厂。该酒于1866年南北战争后发售,即使之后随即进入禁酒时代,但也在政府许可下作为医疗用威士忌继续生产。即便在发售多年后的今天,该酒厂仍利用签约农民栽培精选玉米为原料,恪守古法来酿酒。

四玫瑰波本威士忌是用美国肯塔基州中部的土生谷物蒸酿,蕴藏在内层烧黑的橡木桶中,经过至少6年醇化期才酿制而成。每款四玫瑰产品都具有圆润的性格,伴随着淡淡的香味。

颜色呈金黄色。有水果、蜂蜜等香气和适中的辣椒刺激感。口感为香脆的苹果味,顺滑浓醇。余味呈现尾韵持久悠长。

3. 占边波本威士忌(Jim Beam Bourbon Whiskey)

成立于1795年的占边波本威士忌,位于美国肯塔基州波本镇,是一个家族世代相传的酒厂。占边是美式玉米威士忌,相比英国的纯麦威士忌,占边的口感要强烈得多。占边波本威士忌(图5.25)采用独特的酿造手法,在低温下蒸馏并降低酒精度到125 proof(62.5%)以下,这就更多地保持了威士忌天然、醇香的口味。对于品质优良的波本酒来说,醇化过程是至关重要的,它也决定了波本酒与其他威士忌之间的主要区别。

三、加拿大威士忌(Canadian Whisky)

加拿大威士忌的历史开始于安大略湖岸边,19世纪初英国移民在那里建造了第一个酿酒厂。加拿大威士忌受到了法国人的影响,后者于18世纪在魁北克省生产了朗姆酒。19世纪50年代,在酿酒师HiramWalker的影响下,加拿大威士忌迅速发展。

加拿大威士忌主要由黑麦、玉米和大麦混合酿制,采用二次蒸馏,在木桶中贮存4年、6年、7年、10年不等。出售前要进行勾兑掺和。加拿大威士忌气味清爽,口感轻快、爽适,不少北美人士都喜爱这种酒。

名品有加拿大俱乐部(Canadian Club,图5.26)、加拿大皇冠威士忌(Crown Royal,图5.27)、艾伯塔威士忌(Alberta)、施格兰特酿(Seagram's V.O)等。

图5.25　占边波本威士忌

图5.26　加拿大俱乐部

图5.27　加拿大皇冠威士忌

四、日本威士忌（Japanese Whisky）

日本生产的威士忌主要以大麦（玉米）作为原料，用铜质的壶式蒸馏器或者连续蒸馏器进行蒸馏，陈酿是在盛装过雪利酒或波特酒的酒桶中进行。第一家真正意义上原创的日本威士忌诞生于1929年，但是仍有相当长的一段时间日本是用从苏格兰高地进口发芽的大麦生产蒸馏酒，而日本人只是进行了调和与陈酿，并保留了苏格兰的叫法。

如果说苏格兰威士忌刺激，让人感觉震撼、眩晕，那日本威士忌就显得精致、平稳、流畅、持久，令人感到愉悦。虽然日本威士忌有更为东方观感的共性，但每一家每一款酒的口感也有非常大的差别。

（一）竹鹤威士忌（Nikka Whisky）

竹鹤政孝，是"Nikka Whisky"的创始人，因此将竹鹤作为纯麦芽（Pure Malt Whisky）威士忌的品牌，他也被称为日本威士忌之父。依据调酒师的经验技术，调配出了浓郁香醇和爽口两种口感的"竹鹤"（图5.28）。竹鹤品牌中有"竹鹤Pure Malt""竹鹤17年Pure Malt""竹鹤21年Pure Malt""竹鹤25年Pure Malt"四款不同熟成口味的威士忌，到目前为止都还是国际品评会中屡屡获奖的知名威士忌。最近一次是在2015年，"竹鹤17年Pure Malt"在WWA（World Whiskey Award）中获选为世界最佳调和麦芽威士忌。这款竹鹤17年，混合有50种以上的原酒，能品尝到各种纤细的独特香气，如威士忌特有的焦香与储酒桶圆润甘甜的木香所相互融合形成的绝妙平衡香气。

图5.28　竹鹤威士忌

（二）余市威士忌

因为与苏格兰的气候环境类似，竹鹤政孝在北海道余市建立了余市蒸馏厂。北海道三面靠山，又有河川，拥有丰富的水源，空气新鲜而且四季气温凉爽，完全就是一处适合制造威士忌的土地所在。在余市所制造的威士忌品牌为"单一纯麦余市"（Single Malt）。余市蒸馏厂采用世界上罕见的石炭直火蒸馏法，因此在酒香中带有一点点的焦香是其主要的特色。使用橡木制的储酒桶正好与熟成的威士忌独有的芳香甘甜合拍，可以品尝到特有的果实香气，喝起来口感相当滑润。另外，因为是使用泥煤法干燥麦芽，更能品味到强烈的麦芽香气。这就是在余市的气候与石炭直火蒸馏法下所诞生的日本的威士忌。

竹鹤政孝认为威士忌就应该有足够的烟熏味，应该坚持传统的酿制方法。余市威士忌（图5.29）至今依旧采用1936年创业以来的石炭直火的蒸馏技术，拥有东方威士忌最具力量感的风味。单宁密实之极，是具有强烈阳刚之气的威士忌。

图5.29　余市威士忌

（三）山崎（Yamazaki）

山崎，是日本知名的饮料大厂三得利在日本初次开设的威士忌蒸馏所，主要制作单一纯麦威士忌山崎威士忌（图5.30）。据说位于京都郊外的山崎，其所在地是个拥有好水源的乡里，而这里的水质从创始之时到现在为止都没有改变。以好水制作出来的"山崎"，在初期即分有"山崎""山崎12年""山崎18年""山崎25年"四款威士忌，而这几款历经数年的商品，仍持续在世界性的品酒会中获奖，堪称日本威士忌的代表。四款威士忌中又以"山崎12年"最受欢迎。除了特有的香气很受欢迎之外，因为使用不同材质的如白橡木储酒桶、西班牙橡木储酒桶、水楢（学名Quercus crispula Blume）储酒桶等原酒储酒桶所混合出来的复杂香气，正是山崎12年威士忌才能品尝到的纤细口感。另外，也可以品尝到柿子、桃子、香草等不同的果实香味，余韵芳香宜人。这是一款"如果没有喝过这一款日本威士忌，就别说你喝过日本威士忌"的佳品。

图5.30　山崎威士忌

嗅觉表现上与余市比较相似，都具有丰富且华丽的红色浆果、茶叶、干果、药草的香气，第一印象都很类似金酒或黑朗姆，但是在口感上差异明显。尽管他们两家都用日本橡木桶熟成，但感觉山崎的作品吃桶并不特别深，因此单宁表现出非常柔滑的一面。此外，山崎、余市皆有较深的"手艺感"（人力美的表现很突出），但山崎的"手艺感"极为突出，因此表现得华丽且极为柔顺、易饮。

（四）响（Hibiki）

"响"与"山崎"同为三得利所制造的调和威士忌。首席调酒师稻富教一调制"响"时，一边想着勃拉姆斯的第一号交响乐第四篇章的乐曲，一边在山崎、白州两座蒸馏厂中精选原酒。他使用日本独有的产于北海道的水楢橡木桶中的原酒作为关键原酒，水楢橡木桶中的原酒蕴含前瞻华美的伽罗香气，是佐治敬三喜爱的原酒之一。这款融合30多种麦芽原酒与数种长期熟成的谷类原酒，仿如日本和谐之美的新作——"响"诞生了（图5.31）。

"响"在日语中意为"人与自然共鸣"，其"Japanese Harmony"系列分有17年、21年、30年三种酒款。三得利"响"调酒师精选的日本调和威士忌（Suntory Hibiki Blender's Choice Blended Whisky）"响21年"，受奖经历最多，还获颁世界公认的日本威士忌最高荣誉。在2013—2015年，荣获国际烈酒挑战赛（International Spirits Challenge）威士忌的最高奖而享誉国际。"响"由京都·山崎、山梨·白州和爱知·知多三处蒸馏所的原酒调和，再经过21年的超长

图5.31　响威士忌

熟成期,就是为了让原酒达到最佳表现,每一口都能品尝到丰富的协调口感。

这款威士忌颜色呈淡红琥珀色。香气呈现香草布丁、成熟的枣和大量的干木头香气,然后是菠萝和桃子馅饼香气。有明显的醇厚橡木口感,但舌头却能感受到很轻的酒体,甜葡萄味道开始慢慢显现,伴随着一丝香草味。余味刺激、辛辣,非常干燥。

第四节　威士忌品饮

一、选杯

饮用威士忌时,选择适合的杯子是非常重要的,一般可选用平底无脚杯(古典杯)、闻香杯(格兰凯恩杯)、纯饮威士忌杯和郁金香花形高脚杯。

（一）平底无脚杯（Tumbler Whisky Glass）

由于其广泛流行,现在已经或多或少成为很多场合官方使用的威士忌酒杯。对于喜欢加冰饮用威士忌的爱好者来说,这款杯子是完美的选择。但如果想深入品鉴一款威士忌,更推荐选择其他形状的杯子。

（二）格兰凯恩威士忌杯（Glencairn Whisky Glass）

对于主要喜欢纯饮或者加几滴水去探索威士忌更多风味的专业爱好者来说,这款杯子较好。较小的收口和郁金香形状的杯体很好地集中了威士忌本身的香气,能帮助饮者更好、更专心地了解和分析威士忌的香气,观察威士忌的色泽(图5.32)。

图5.32　格兰凯恩威士忌杯

（三）纯饮威士忌杯（The Neat Whisky Glass）

作为一款刚刚进入威士忌领域的新型杯子,该杯应用了"通过自然规律而设计出的香气技术（Naturally Engineered Aroma Technology）",并且已经成为一种流行的选择。杯口上端面积很大,杯身使集中的香气可以更好地扩散出来,令体验感大大提升(图5.33)。

（四）郁金香花形高脚杯（Tulip Shape Glasses）

这种形状的杯子在品尝单一麦芽威士忌时比较常见。杯体和杯口的形状将威士忌的香气都集中在鼻端,增强了品鉴体验。

图5.33　纯饮威士忌杯

二、品饮方式

（一）纯饮

有人认为只有纯饮才能感受到单一麦芽威士忌的真谛。将威士忌直接倒入酒杯,

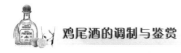

静静地感受琥珀色的液体滑过杯体，芳香瞬间弥漫。纯饮能让人最大限度地体会到威士忌最原始的风味，细细品味，威士忌的香气和醇厚都会在口腔中翻滚。如果想纯饮，杯子的选择也马虎不得，最好选择郁金香杯。因为它的杯口稍有收拢，会让威士忌的香气更集中、缓慢地散发出来。

（二）加水

加水堪称全世界最普及的威士忌饮用方式，即使在苏格兰，加水饮用仍大行其道。许多人认为加水会破坏威士忌的原味，其实加适量的水并不会让威士忌失去原味，相反地，此举可以让酒精味变淡，引出威士忌潜藏的香气。

依据学理而论，将威士忌加水稀释到20%的酒精度，是最能表现出威士忌所有香气的最佳状态。不过，加水的主要目的是降低酒精对嗅觉的过度刺激，然而酒精对嗅觉的刺激度，并非单单取决于酒精浓度。就威士忌而言，同样的酒精浓度，低年份较高年份有更强的刺激性，因此要达到最佳释放香气的状态，低年份威士忌所需稀释用水的量便会高于高年份威士忌。一般而言，1：1的比例最适用于12年威士忌。低于12年，水量要增加；高于12年，水量要减少；如果是高于25年的威士忌，建议是加一点水，甚至不需要加水。

（三）加冰

加冰这种饮法比较普遍，即在一个小矮杯中加入一块大冰块或者冰球，然后直接倒入威士忌。这种饮法又称"on the rock"，主要是给想降低酒精刺激，又不想稀释威士忌的人们另一种选择。要注意的是，冰块一定要大，不能加碎冰，因为碎冰融化得比较快，会稀释威士忌的味道。由于冰的温度非常低，再加上大冰块或冰球融化的速度相对较慢，可以有效地锁住威士忌的部分香气和辛辣味。等到冰慢慢融化成水之后，酒香就会慢慢开始释放，而且回味也会更加持久。

（四）水割法

"水割法"不仅完美地降低了威士忌口感中的辛辣，还突出了其中的芳香和甘甜。先在杯子里放入一块大冰块，接着以1：2.5的比例先后倒入威士忌和水（通常是30毫升威士忌+75毫升的水），这就是"水割法"。被冰块和水稀释后的威士忌，没有原本那么浓郁刺激，反而呈现出一种淡雅的风味，非常适合用来配餐。

（五）加汽水

以烈酒为基酒，再加上汽水的调酒称为"Highball"。以威士忌Highball来说，加可乐是最受欢迎的喝法。不过综合比较下来，以加上可乐所呈现的口感而言，美国的玉米威士忌普遍优于麦芽威士忌和谷类威士忌，因此Highball喝法中，加可乐普遍用于美国威士忌，至于其他种类威士忌，大多是用姜汁汽水等其他的苏打水调制。苏打水自带的气泡属性，会使这样的威士忌喝起来很清爽，也会让威士忌的酒体变得更加轻盈。

（六）加绿茶

"威士忌加绿茶"已风行全中国，而且特别受到年轻族群青睐。

（七）苏格兰传统热饮法

在寒冷的苏格兰，有一个名为Hot Toddy的传统威士忌酒谱，它不但可祛寒，还可治愈小感冒。Hot Toddy的调制法相当多样，主流调配法多以苏格兰威士忌为基酒，调入柠檬汁、蜂蜜，再依各人需求与喜好加入红糖、肉桂，最后加热水，即成御寒又好喝的调酒。

（八）调配鸡尾酒

威士忌可以用来调配很多经典的鸡尾酒款，其中知名的有曼哈顿（Manhattan，图5.34）、威士忌酸（Whisky Sour，图5.35）、老伙伴（Old Pal）、古典（Old Fashioned）、爱尔兰咖啡（Irish Coffee）、薄荷茱莉普（Mint Julep）等。

图5.34　曼哈顿　　　　　　　图5.35　威士忌酸

（图片由杭州柏悦酒店提供）

三、威士忌的品鉴

在品鉴威士忌时，用鼻子的时候远远多于用嘴或者用舌头。味道实际上是舌头上味蕾的感觉加上由鼻子闻到的味道共同形成的，而且鼻子比舌头的敏感度要高很多。据估计，舌头上的味蕾与鼻子的嗅觉细胞的比率是1∶10 000。这也解释了为什么酿酒师用鼻子去闻威士忌而不是用嘴来品尝威士忌，这也是酿酒师在工作时很少喝威士忌的原因。

要品尝威士忌，首先要选择正确的玻璃酒杯。标准的威士忌刻花玻璃酒杯不是用来嗅闻威士忌最理想的工具。在威士忌酒业内，用来嗅闻威士忌香味的酒杯应该是小口、大肚、透明、质薄、有脚座的郁金香形杯，同时酒杯侧面上还要有刻度，一来可用来凝聚酒香，二来便于观察酒的颜色。窄口的作用是将威士忌的香味留在杯内，这样在嗅闻的时候就可以闻到很浓郁的香味。

嗅闻和品尝威士忌时要有合适的酒精度数，但是很明显并不是所有麦芽威士忌的酒精含量都是一样的。尽管多数瓶装威士忌的度数为40%，但有一些是43%、46%，而桶装威士忌的度数为55%—60%。为了保证公平，所有参加鉴赏的威士忌酒精含量都应该是一样的，这方面的行业标准为20%。事实证明，味觉只有在尚未被酒精麻醉的情况下才能保证其敏感度，而20%的酒精含量刚好能保证酯的充分释放的度数，很易于鉴赏。

在嗅闻的时候，最好先充分闻一下，留意酒给人留下的第一印象。如果吸气过猛的话鼻子会感到刺痛，这是由于酒精蒸汽使人的嗅觉受到过度刺激而导致的。当出现这种情况的时候，先稍等一下，然后再轻轻地吸入，尝试分辨闻到的各种香味。下一步是在威士忌中加入适量的矿泉水，将酒的度数调整到20%之后再闻。用于嗅闻的标准酒杯上应该有两个刻度，较低的刻度是用于测量倒入的威士忌的量，较高的刻度是用来测量倒入的水量。两个刻度量是一样的，即在使用这种刻度酒杯时，如果在酒精含量为40%的威士忌中加入同量的水，就会得到酒精含量为20%的威士忌。如果是酒精含量更高的威士忌的话就需要加更多的水。品尝时，倒酒不超过酒杯的1/3。中国人常以色、香、味作为评论佳肴的准则与顺序，对品酒而言，亦不失为标准品尝的三步骤。

（一）观色

呈琥珀色是因为蒸馏过的酒经橡木桶的储存，吸收了橡木桶的单宁酸熟成而形成的。可以摇晃酒杯，检视酒脂挂杯的情形：酒脂越高，挂在杯上的酒脂流得越慢，表示此酒原体在蒸馏时酒精度越低。

（二）闻香

轻摇酒杯，靠近酒杯轻嗅，或许这香味模糊、难以捉摸，试着以记忆中较具体的印象去锁定，以建立在记忆中，如此便容易记住和分辨自己喜恶的酒味了。

（三）尝味

喝之前先用清水漱口，再含一小口酒在嘴里，让酒在口腔稍作停留，让舌头每一部位都接触到酒；然后再咽下喉，体会酒下喉的滋味。好酒口感首重丰富，并且是苦、辣、酸均衡兼顾，更进一步的讲究是柔顺，如果是余味无穷、后劲十足，那就是所谓的deep了。

第六章 金酒

第一节 金酒概述

金酒，又称为琴酒、毡酒、杜松子酒。它是一种拥有奇妙风味的烈酒，让人一喝就满心的惊喜。可单独饮用，也可调配鸡尾酒，并且是调配鸡尾酒中唯一不可缺少的酒种，被称为鸡尾酒的心脏。

一、概念

金酒以大麦或玉米、黑麦为主料，加入香料（苦杏仁、小豆蔻、桂皮、柠檬、橙皮、杜松子，图6.1）酿造和蒸馏而成的烈酒。

图6.1　杜松子、小豆蔻、桂皮、柠檬、橙皮、苦杏仁

在荷兰，金酒被称为Genever。后来它被英国船员带到英伦三岛，并将其名称简称为较容易发音记忆的"Gin"，因其来自荷兰，又被称为Hollands。在德国，金酒被称为Wacholder；在法国，金酒被称为Geneviere。

金酒在酿造过程中会加入很多的植物药材，如苦杏仁、小豆蔻、橙皮等，其中主要

的一味是杜松子，这赋予金酒特殊的香气和药用价值，所以金酒又被称为杜松子酒。杜松子产于北半球，不管是亚洲、美洲、欧洲都有其生长的足迹。最早为埃及人所食用，然而其功效却属医药的一种。据说杜松子具有利尿的功能，可以加速排出体内不好的物质，还可以解热和治疗痛风。有的国家和酒厂配合其他香料来酿制金酒，如豆蔻、甘草、橙皮等，而准确的配方，厂家一向是非常保密的。不同的金酒会选择不同的植物材料提味，因此成品之间的风味有所差异。例如，亨利爵士（Hendricks）金酒带有玫瑰风味，孟买蓝宝石（Bombay Sapphire）金酒则带有柠檬草风味。常见的植物风味还有桂皮、姜、柑橘和香菜等，但所有金酒都一定会有杜松子风味。

金酒具有芳芬诱人的香气，无色透明，味道清新爽口。金酒不用陈酿，但也有厂家将原酒放到橡木桶中陈酿，从而使酒液略带金黄色。金酒的酒精度一般在35%—55%，酒精度越高，其质量就越好。

二、金酒的起源和发展

金酒被发明出来的原因和很多其他的烈酒其实是一样的——为了治病。同样也是在治病中，它被发掘出适合做鸡尾酒基酒的一面。

金酒是在1660年，由荷兰莱顿大学（University of Leyden）的一名叫西尔维斯（Doctor Sylvius）的教授制造成功的。最初制造这种酒是为了帮助在东印度地域活动的荷兰商人、海员和移民预防热带疟疾病，作为利尿、清热的药剂使用。不久，人们发现这种利尿剂香气和谐、口味协调、醇和温雅、酒体洁净，具有净、爽的自然风格，很快就被人们作为正式的酒精饮料饮用。据说，1689年流亡荷兰的威廉三世回到英国继承王位，将杜松子酒传入英国，从此以后英国开始有少量的金酒制造。后来英法战争期间，英政府禁止进口法国产的葡萄酒和白兰地，英国民间只好去寻求粮食烈酒过瘾，荷兰金酒的进口量有所增长但远不能填补市场空白，英国人便开始大量自行蒸馏金酒，但那时他们只会净饮金酒。

金酒成为鸡尾酒基酒的潜力则在另外一个与药物有关的历史事件中被发掘出来。汤力水曾在印度被广泛用于疟疾的治疗，但其味道实在太苦，那些被派往印度的英军便用自己随身携带的金酒与汤力水兑着喝，没想到别有风味。于是这种金汤力便传回欧洲，成为流行饮品，正式拉开金酒成为鸡尾酒基酒之王的序幕，更多的人开始去研究用它来调制更多鸡尾酒的可能性，因此诞生了很多经典鸡尾酒。用金酒调配出来的鸡尾酒十分精美，包括尼格龙尼（Negroni）、汤姆柯林斯（Tom Collins）等。现在的调酒师都喜欢研究金酒，因为它是一个很好的挑战。调酒师需要了解它的生产过程和各种复杂的风味，然后用其他恰当的辅料来与它进行调配。

三、金酒制作工艺

金酒能成为基酒之王，与其特殊的风味分不开。要酿造一款金酒，需要具备对浆果、植物和药草的与生俱来的激情。精酿金酒喝起来有点像是把整座花园的种种花草都浓缩在一杯酒中还有什么能比酿造这样复杂的一款酒更令人迷醉呢？

金酒的制造过程简单来说，是以谷物为原料，经过发酵、蒸馏得到食用酒精，加入杜松子配以芳香性植物，经过浸渍、再次蒸馏、馏出液分段截取，再经配制而成的一种蒸馏酒。杜松子是金酒的主要调味原料，但绝大部分酒厂都会加入其他草药，如豆蔻、肉桂、香菜、淮山、白芷、芷茴香、甘草、柑橘皮、坚果等，但各家的配方都不一样，营造自己的特有风格。例如，著名的必富达24金酒（Beefeater 24），甚至以日本煎茶和中国绿茶为主要原料，充满了东方风味。

第二节 金酒的分类

比较著名的有荷兰金酒、伦敦干金酒和新美国金酒。

一、荷兰金酒（Genever）

荷兰金酒的特点是：酒液无色透明，酒香与香料味突出，个性强，微甜，52度。

荷兰金酒所采用的原料大都为大麦麦芽、玉米和黑麦等，在糖化发酵之后，经过三次蒸馏而成，在此过程中还会加入糖分。所以荷兰金酒颜色清亮、口感香醇、香气突出，也正是因为其略甜的口感和浓重的香气，所以更加适合加入冰块直接饮用，反而不适宜用来调制鸡尾酒，否则会破坏配料的平衡香味。荷兰金酒作为金酒的"鼻祖"，在金酒中占据非常重要的地位，即使是现在酿造的荷兰金酒，也保持着当初的风格特色。

荷兰金酒在装瓶前不可贮存过久，以免杜松子氧化而使味道变苦。装瓶后则可以长时间保存而不降低质量。荷兰金酒常装在长形陶瓷瓶中出售。新酒叫Jonge，陈酒叫Oulde，老陈酒叫Zeet oulde。比较著名的酒牌有：亨克斯（Henkes）、波尔斯（Bols）、波克马（Bokma）、邦斯马（Bomsma）、哈瑟坎坡（Hasekamp）等。

荷兰金酒的饮法也比较多，在东印度群岛流行在饮用前用苦精（bitter）洗杯，然后注入荷兰金酒，大口快饮，痛快淋漓，具有开胃的功效，饮后再饮一杯冰水，更是美不胜言。

二、伦敦干金酒（London Dry Gin）

伦敦干金酒是英国的国酒，拥有世界上最主要、最流行的金酒品种，口感大都为干型，甜度由高到低又可分为干型金酒（Dry Gin）、特干金酒（Extra Dry Gin）、极干金酒（Very Dry Gin）等，与荷兰金酒的口感有非常大的差别。伦敦干金酒大都采用谷物、甘蔗或糖蜜为原料，以酿造、蒸馏所得到的酒液作为基酒，加入各种植物药材，其中以杜松子为主，包括胡荽、橙皮、香鸢尾根，黑醋栗树皮等（图6.2），经过二次蒸馏而成，

最终的酒精含量为 37%—47.5%。伦敦干金酒代表的是一种特定风格的金酒，并不局限于伦敦出产，只要是符合以上酿造工艺要求的金酒，无论是产自伦敦或是英国境内其他地方，都可以称为伦敦干金酒。

伦敦干金酒的生产过程比荷兰金酒简单，它用食用酒精和杜松子及其他香料共同蒸馏而得，酒液无色透明、气味奇异清香、口感醇美爽适，既可单饮，也可与其他酒混合配制，或做鸡尾酒的基酒，故有人称金酒为鸡尾酒的心脏。

图6.2　胡荽、香鸢尾根，黑醋栗

三、新美国金酒（New American Gin）

新美国金酒或称为国际风格金酒（International Style Gin），涵盖了诸多风格的金酒。这些金酒与其他金酒酿造程序完全相同，不过香气以植物味为主，而不是杜松子味。

第三节　金 酒 名 品

一、哥顿金酒（Gordon's London Dry Gin）

提到金酒，几乎所有人第一个想到的就是哥顿金酒，它简直就是金酒的"代言人"，从公元1769年创立至今，其在金酒界有着不可撼动的地位（图6.3）。就金酒而言，哥顿金酒的销量第一，高达每秒4瓶。哥顿金酒属于伦敦干金酒，采用亚历山大·哥顿的原始配方，由皇室认证的金酒供应商英国伦敦添加利哥顿有限公司在英国蒸馏而成。自诞生之日起，哥顿的酿造秘诀就没有变过，现在所使用的植物香料与酿造工艺几乎和诞生之初一模一样，即将杜松子、胡荽、生姜、肉桂皮、柑橘皮和肉豆蔻用中性烈酒浸泡，再进行三次蒸馏。

因为圆润扎实的口感，哥顿金酒常常成为鸡尾酒调制过程中的主角。喝的时候上颚会感觉到干，但之后会被柑橘的回香取代。

图6.3　哥顿金酒

二、添加利金酒（Tanqueray）

　　添加利金酒属于伦敦干金酒，它是由添加利哥顿公司生产的。添加利金酒深厚甘洌，具有独特的杜松子和其他香草配料的香味。添加利金酒使用一种特殊的植物酿制，在其最新鲜的时候采摘下来。这种植物长到18个月时成熟，会出现丰富的芳香相植物油，这种油带给添加利金酒圆满的口感。这种植物的成熟和混合是在调酒大师最仔细的控制之下进行的，确保每批酒、每瓶酒稳定的品质与口感。

　　添加利金酒主要产品包括添加利伦敦干金酒、添加利10号、添加利Sterling、添加利Rangpur等（图6.4）。

图6.4　添加利伦敦干金酒、添加利10号

（一）添加利伦敦干金酒

　　酒体饱满、香气奇特，纯饮只觉香气满溢、浑厚甘洌。在金酒特有的杜松子味道之外，还有着其他香草配料的气息，口感平滑圆润、深厚甘洌，极具魅力。

（二）添加利10号

自2000年推出以来获得了无数殊荣，被亲切地称作"Tiny Ten"，它复古又棱角分明的摇酒壶形状的瓶子像是在向古典鸡尾酒致敬。添加利10号最独特之处在于只用新鲜而非干燥的原料制作，葡萄柚、柠檬、柑橘等新鲜水果芳香浓郁，但新鲜原料的成本要大大超过干燥原料。对于很多添加柑橘的鸡尾酒来说，添加利10号是完美的选择，同时在很多人眼里，用添加利10号来调制"干马天尼"是绝对的上乘之选。

三、必富达金酒（Beefeater）

必富达金酒（图6.5）杜松子味道强烈，还结合了野生杜松子和芫荽的美味，以及天使酒的微甜和塞维利亚柑橘的特殊清香。气味奇异清香，口感醇美爽适。

每瓶必富达金酒都是手工制作，严格甄选品质原料，选取伦敦酿制的纯谷物烈酒为原酒，添加12种植物组成的混合物，浸泡24小时再进行蒸馏，于伦敦肯宁顿酿酒厂生产灌装，保证其一贯的高品质和清新的口感。

必富达的首席蒸馏大师德斯蒙德·佩恩于2008年酿造出个人代表作——必富达24高档金酒（图6.6）。这是一款完全采用纯天然原料的顶级金酒，选用了杜松子、葡萄柚皮、柠檬皮、杏仁、塞维利亚橙皮、香菜种子、鸢尾根、甘草根、当归、当归种子，并首次开创性地加入中国绿茶和日本煎茶，共有24种配料。该酒呈无色透明，杜松子味道强烈，气味奇异清香，口感醇美爽适，充满活力，浓郁强劲。

四、孟买蓝宝石金酒（Bombay Sapphire）

配着现代感的宝石蓝色酒瓶，刻着异国的药材版画，孟买蓝宝石金酒（图6.7）凭借精致绝伦的外观和口感，在创导全球时尚的城市（如纽约、巴黎、伦敦等地）掀起热潮。

图6.5　必富达金酒　　　　图6.6　必富达24　　　　图6.7　孟买蓝宝石金酒

孟买蓝宝石的蒸馏过程采用"头部蒸馏法",即酒精蒸汽通过装满香料的香料包(其中包括杏仁、柠檬皮、甘草、杜松子、鸢尾根、当归、香菜、肉桂等10种香料),吸收芳香的气味。这使得孟买蓝宝石金酒花香馥郁、酒体顺滑、口味活泼轻柔,略带柠檬、甘草和茴香的味道。

五、亨利爵士(Hendrick's)

亨利爵士是产自苏格兰的金酒品牌,诞生于1999年(图6.8)。其最出名的,是来自保加利亚玫瑰花瓣与小黄瓜的独特香味。前调清澈犹如在高原上的草香,中调里杜松子和淡果香乍现,最令人难忘的是,喝完一杯亨利爵士后整晚都可以闻到淡淡的香味。

亨利爵士精选了13种不同的植物,其中来自东欧和摩洛哥的胡荽籽、生姜、柠檬和鼠尾草散发浓郁香气;来自意大利的杜松子富有异国情调,带来了辛辣和有苦有甜的口感;来自法国和比利时的当归带来了麝香的香气和甜味——一直以来大家都认为当归有医用疗效并有神秘的保护力;还有3年以上的鸢尾

图6.8 亨利爵士金酒

草根。它将如此众多的香气结合在一起并以此形成了错综复杂的口感。

亨利爵士是以手工工艺小批量酿造而成,使用马车头蒸馏器蒸馏。植物原料蒸汽在马车头式蒸馏器中是沐浴浸泡而不是简单地煮沸,这样的蒸馏方式为香气散发带来了极大的不同,蒸馏方式越轻松,气体混合就更加通畅,风味就更加顺滑。一般来说,小批量是指一次酿造500升。亨利爵士金酒是更小的批量,每次只酿造450升。这样酒厂就可以对整个酿造过程有更好的控制,并精确添加各种原料以保证酿造出来的金酒拥有极高的品质,这样才能称得上是亨利爵士金酒。

用亨利爵士做金汤力,最适合兑入汤力水和冰,再加上一片黄瓜(而不是传统的柠檬片),能享受金酒最极致的珍宝体验。

六、和天使金酒(Watenshi)

世界上最贵的金酒是和天使金酒(图6.9),由英国剑桥酒厂(Cambridge Distillery)生产,售价2 000英镑每瓶,全球只有6瓶。该酒由酿酒大师威廉·劳(William Lowe)负责酿制。每次蒸馏只能提取15毫升,生产一瓶和天使需要蒸馏50次。

图6.9　和天使金酒

第四节　金酒的品饮

金酒是鸡尾酒的心脏。饮用金酒的方式，除了纯饮和加冰外，最为大家所熟知的恐怕就要数调制鸡尾酒了，这也是金酒在全世界范围内最广泛的饮用方式。金酒独特植物风味能为鸡尾酒的调制起到画龙点睛的作用。以金酒为基酒的鸡尾酒气味浓郁，口感辛辣而清爽，非常适合在炎热的夏季饮用，闻名于世的马天尼鸡尾酒就是由金酒作为基酒调制出来的。

金酒的标准用量为25毫升，可于餐前或餐后饮用。可以净饮，以荷兰金酒为常见，将酒放入冰箱、冰桶，或使用冰块降温。净饮时，常用利口杯或古典杯。金酒也可兑水饮用，以伦敦干金酒为常见。还可以调制各种鸡尾酒，如金汤力等（图6.10）。

图6.10　金酒的品饮

第七章 伏特加

第一节 伏特加概述

伏特加酒是俄罗斯的传统酒精饮料。它没有威士忌的烈性与醇厚，没有特基拉的别样风味，也没有白兰地的芳香，但是它却以简单的原料制作出纯粹清爽的味道。酒液透明清澈、纯净似水，闻起来也没有味道，但是在入口的一瞬间又会带来似火的刺激口感，形成了伏特加独一无二的特色。也正是这种突如其来的刺激口感，征服了俄罗斯人，成为俄罗斯的国酒。

一、概念

伏特加酒是以谷物或马铃薯为原料，经过蒸馏而成的烈酒。伏特加的酒精度蒸馏后高达95%，再用蒸馏水淡化至40%—60%，并经过活性炭过滤，使酒质更加晶莹澄澈，无色且清淡爽口，使人感到不甜、不苦、不涩，只有烈焰般的刺激，形成伏特加酒独具一格的特色。因此，在各种调制鸡尾酒的基酒之中，伏特加酒是最具有灵活性、适应性和变通性的一种酒。

二、起源与文化

（一）俄罗斯起源说

1533年，古俄罗斯文献中第一次提到"伏特加"是在诺夫哥德的编年史中，意思是"药"。用来擦洗伤口，服用可以减轻伤痛。

关于伏特加最早出现的年份、发明者和原产地等流传着不少说法，至今仍存在着争议。较为确凿的说法是，酒精蒸馏技术最早可追溯至12世纪，由意大利萨莱诺医学院研制，用作医疗用途。在俄罗斯，伏特加最早于14世纪末出现，由热那亚（意大利）大使引入"生命之水"，当时的罗斯称之为"面包酒"。直到15世纪中后期，伏特加的生产方式才开始在俄罗斯普及开来。

（二）波兰起源说

波兰人认为伏特加酒在8—12世纪就出现了。早期的伏特加来自冰冻葡萄酒。因

为酒精的冰点更低,把葡萄酒中结冰的部分先扔掉,剩余的部分从基本意义上说就等于蒸馏后的结果。

比较先进的蒸馏技术是在公元1400年出现的,早期波兰人把伏特加当作药物使用,波兰的史学家认为是波兰人把这种新的蒸馏方法融入进来,从而用来生产质量更好的伏特加酒。公元1772年,波兰被分割成了俄国、普鲁士和奥匈帝国的一部分。他们认为伏特加是在这个时期由波兰传入俄国的。

（三）伏特加与俄罗斯文化

伏特加不仅是俄罗斯人生活的一部分,在某种程度上更是他们精神的寄托,它生动地反映并深深地影响了俄罗斯的民族性格。

伏特加酒造就了俄罗斯人崇尚酒文化的性格,俄罗斯人每人每年平均要喝掉67瓶伏特加酒。伏特加酒产生于5个世纪前,500多年中,俄罗斯人民不断改进生产工艺,使得伏特加酒在质量上不断提高。俄罗斯地域辽阔,造就了俄罗斯人豪迈、奔放热情、好客、勇敢的性格。提到俄罗斯人,人们都会想到他们身材高大、性格豪爽,而伏特加酒很好地表现了这一特点。除此之外,伏特加酒还是待客佳品。俄罗斯人会拿出盐和面包来迎接贵宾,也会在就餐时用伏特加酒来招待客人。他们极少劝酒,让客人按自己的喜好随意饮用,家中有多少酒就可以喝多少酒。俄罗斯人的这份热情让客人感到十分的温暖,而俄罗斯民族的好客、慷慨也很好地表现了出来。俄罗斯人崇尚集体主义,他们喜欢聚集起来,开怀畅饮。对于这一点,也体现了俄罗斯人团结的一面,当国家受到侵略时,他们总是团结起来英勇地保卫自己的家园。

三、制作工艺

（一）水的净化

首先选择优质水源,将盐含量降低为最小。然后通过沉淀、曝气、过滤等程序净化水质。水不能煮沸或蒸馏,否则会使伏特加变硬,影响其独特风味。

（二）酒精的制作和净化

将谷物磨成粉,置于专用的器皿中加水加压烧煮,随后把汁液倒入大桶,加入酵母使之发酵,得到低酒精度的半成品。接着通过蒸馏净化,得到酒精度接近95%的精馏酒精。

（三）分类

将适当比例的水和精馏酒精混合,倒入密封的分类装置中,然后根据不同风味对应的配方添加其他成分。

（四）混合物的过滤

将水和酒精的混合物倒入专门的过滤器中,经多层过滤后得到纯净的混合物。

（五）清除有害杂质

使用活性炭过滤器去除水和酒精混合物中的醛和醚等,根据不同成品的质量要求,可进行一次或多次过滤。经过滤清除杂质后,伏特加的味道基本形成。

（六）同化

静置成品伏特加,根据标准一般不少于2天,大多数酿酒厂会放置7天。

（七）装瓶

最后,检查酒瓶是否完好,冲洗瓶子,伏特加装瓶,插上塞子,添上商标纸,制作完成。

伏特加的制作工艺流程,如图7.1所示。

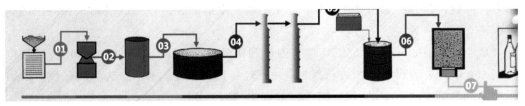

图7.1　伏特加的制作工艺流程

第二节　伏特加分类

一、俄罗斯伏特加

俄罗斯伏特加最初用大麦为原料,后来逐渐改用含淀粉的马铃薯和玉米。制造酒醪和蒸馏原酒并无特殊之处,区别在于伏特加要进行高纯度的酒精提炼（至190proof,相当于95%）,将两次蒸馏精炼后注入白桦活性炭过滤槽中进行缓慢的过滤,使精馏液与活性炭分子充分接触而净化,将所有原酒中所含的油类、酸类、醛类、酯类及其他微量元素除去,便得到非常纯净的伏特加,它不需要陈酿。经过以上工序处理过的伏特加,酒液无色,清亮透明如晶体,除酒香外,几乎没有什么别的香味,口味凶烈,劲大冲鼻,咽后腹暖,但饮后无上头的感觉。

二、波兰伏特加

波兰伏特加的酿造工艺与俄罗斯相似,区别只是波兰人在酿造过程中,加入一些草卉、植物果实等调香原料,所以波兰伏特加比俄罗斯伏特加香体丰富、更富韵味。

三、其他国家的伏特加

俄罗斯历来都是伏特加的主要生产国,但瑞典、芬兰、德国、美国和日本等国也都能酿制优质的伏特加。

第三节 伏特加名品

一、俄罗斯红牌伏特加（Stolichnaya Vodka）

红牌伏特加（图7.2）是俄罗斯具有代表性的白酒，是传统蒸馏酒。采用燕麦、大小麦为原料，经粉碎、蒸煮、糖化等多道工序精心酿造而成，口感细腻温柔，在纯净的味道中还有淡淡清香。

早期的Stolichnaya蒸馏酒厂位于西伯利亚的一个小镇，使用贝加尔湖水，采用俄罗斯500年古老的双蒸馏法进行酿制，并且经过四次过滤。今天，这款酒在俄罗斯由十个不同的蒸馏酒厂生产，每一瓶伏特加可能略有差别。

中性多变的红牌伏特加是无色的。谷物酿造香味清淡，无刺激酒精气味，没有其他的植物香味，气味单纯。口感上，原味红牌伏特加没有其他味感，也没有国产白酒的辣喉感。

饮用小贴士：加水、加可乐、加果汁。

二、俄罗斯绿牌伏特加（Moskoskaya Vodka）

绿牌伏特加（图7.3）以谷物、纯净的山泉水作为酿造的主要原料。新鲜、纯净的清爽口感，优雅轻盈的酒体中混合了薄荷的气息和可口谷物的奶油味。尾韵顺滑而微甜。

三、法国灰雁伏特加（Grey Goose Vodka）

法国灰雁创始于1996年，是百加得洋酒集团旗下的伏特加品牌（图7.4）。来自法国的酿酒圣地——干邑区，带有一种法式浪漫气息，受到很多青年人喜爱。灰雁选用天然泉水和小麦为原料，经酿酒大师精心打造，完美呈现纯净、细腻的口感和味道，入口柔滑

图7.2 俄罗斯红牌伏特加

图7.3 俄罗斯绿牌伏特加

图7.4 法国灰雁伏特加

纯粹,令人心旷神怡,很适合纯饮,可以感受到恰似艺术般的伏特加味道。

饮用小贴士:加入碎冰块、纯饮、搭果汁,或是调制成色彩斑斓的鸡尾酒。最简单的饮用方式是纯饮:在酒杯中倒入少量的法国灰雁伏特加,再加入冰块即可。也可以混合其他饮料饮用,步骤是:"冰(倒满冰块)、柠(放入柠檬角或挤入柠檬汁)、雁(加入灰雁伏特加)、饮(按口味加入任意软饮)"。

四、加拿大水晶头伏特加(Crystal Head Vodka)

透明的骷髅头酒瓶造型,是这款年轻伏特加品牌成功的因素,体现了一种霸气与特别之色(图7.5)。但这不是它唯一吸引人的地方,真正使它成功的还是酒的质量。

水晶头伏特加不仅用它的外在抓住人的眼球,而且它的酒液也能够留住人的心。采用加拿大纽芬兰地区的纯净河水制成,并且经过了四次蒸馏,味道更加纯粹,口感十分顺滑平和,没有刺激的酒精味,入口后还有一丝果香余韵,让人念念不忘。

饮用小贴士:适合纯饮,加红茶、加可乐。

五、芬兰伏特加(Finlandia Vodka)

来自北欧的芬兰伏特加诞生于1970年,一直以来芬兰伏特加都以纯净天然标榜自己,树立了品牌的形象(图7.6)。

芬兰伏特加最令人着迷的地方就在于它的主要原料——水,因为这不是一般的水,而是取自冰河时期的清纯冰川水,冰川水经过了10 000多年的天然过滤,带着大自然的纯粹味道,酿造出来的酒也带着冰川的清爽与纯净。同时采用至佳的六齿大麦为原料,经过200余次的精雕细琢,打造出口感至纯完美和谐的芬兰伏特加。

饮用小贴士:将伏特加放入冰柜,在0℃以下冰冻至液体黏稠状,或者搭配青柠汁和冰块。

图7.5　加拿大水晶头伏特加　　　图7.6　芬兰伏特加

六、瑞典绝对伏特加(Absolut Vodka)

图7.7　瑞典绝对伏特加

有着百年历史的绝对伏特加,在世界烈酒品牌中也有着绝对的地位,是仅次于百加得和思美洛的世界第三大烈酒品牌(图7.7)。1988年,凭借非同凡响的绝对伏特加广告,绝对伏特加进入时尚界。自此许多世界著名设计师为"绝对时尚"系列设计作品,包括范思哲、汤姆福特等均创作了绝对时尚的经典之作。

绝对伏特加口感圆润,而且质量无与伦比,一千克的冬季小麦和一股纯净深井地下水只为酿造一升绝对伏特加。并将19世纪研制的连续蒸馏法保持到了现在,通过上百次的连续蒸馏,去除了酒液中的全部杂质,喝起来有种无法言表的纯净与温和,风味独特。

绝对伏特加推出系列口味,有绝对辣椒味伏特加(Absolut Peppar Vodka)、绝对芒果味伏特加(Absolut Mango Vodka)、绝对黑加仑味伏特加(Absolut Kurant Vodka)、绝对苹果味伏特加(Absolut Apple Vodka)、绝对桃子味伏特加(Absolut Apeach Vodka)、绝对红柚味伏特加(Absolut Ruby Red Vodka)等。

饮用小贴士:加蜂蜜柚子茶、加汤力水、加干姜水等。

七、斯米诺伏特加(Smirnoff Vodka)

斯米诺伏特加(图7.8)的创始人是斯米诺,在1864年开始酿酒,并且受到了皇室的青睐,此后成为沙俄皇室的供酒商。

20世纪50年代,由斯米诺伏特加原创的斯米诺劲骠以其上佳独特口感开创了鸡尾酒先河,被称为鸡尾酒史上的一座里程碑。斯米诺也因此引发了全球鸡尾酒革命,之后出现的血腥玛丽、螺丝刀等都成为伏特加鸡尾酒中的经典。它的独特之处,就在于初入口时的顺滑纯净与最后一刻的超爽刺激,这两种反差所带来的味蕾体验完美地诠释了什么是真正的伏特加。

饮用小贴士:加葡萄汁、加可乐、加橙汁。

图7.8　斯米诺伏特加

八、法国雪树伏特加(Belvedere Vodka)

自1996年上市以来,雪树伏特加就受到了大量时尚人士的推崇。它以雪中的波兰总统府邸为灵感设计出了优雅别致的酒瓶,非常有辨识度(图7.9)。雪树伏特加让人一见倾心,看着它的酒瓶似乎感受不到来自酒精的刺鼻味道,而喝起来也确实如此。它精选黄金裸麦为原料,经过四次蒸馏萃取而成,有着似水的纯净、似花草的芳香,口感浓郁与柔和兼具。

饮用小贴士:冰后纯饮、加冰块直接饮用。

九、美国深蓝伏特加(SKYY Vodka)

1992年,深蓝伏特加的创始人试图寻找一种不会导致晕眩头痛的饮料。他意识到威士忌中的有机物杂质是让他"上头"的主要原因,而只有伏特加的纯净品质才能解决这个问题。他开始尝试蒸馏伏特加的新方法,于是深蓝伏特加诞生了(图7.10)。

深蓝伏特加有着如天空一样的纯净口感,而且喝了之后不会有头痛眩晕的感觉,有着淡淡的芳香和纯粹的酒精味道。酒体新鲜、纯净;口味干爽、辛烈、活泼;回味柔和、悠长,略带香草气息。除此以外,深蓝伏特加还有着一件蓝色外衣。

饮用小贴士:搭配蓝柑桂酒、少许糖浆和碎冰块。

图7.9　法国雪树伏特加　　　　图7.10　美国深蓝伏特加

第四节　伏特加品饮

伏特加味道取决于其种类、酒精度以及添加物(即乙醇和水以外的成分),并非所有伏特加都只有"苦"和"烈"的味道,不同的添加成分会赋予它不同的风味。一般来说,纯度越高,酒的苦味越淡,因此味道浓淡也是评判伏特加纯度的标准之一。和葡萄酒一样,酒中80%的香气(aroma)也构成了酒的风味(flavor)。因此,不同伏特加的香气也决定了其饮用方式:净饮、加冰,还是用来调鸡尾酒。

伏特加标准用量40毫升,可选用利口杯或古典杯饮用。例如,作为佐餐酒或餐后酒,以常温饮用。据说每天适量饮用伏特加约35毫升,可以降低体重、减轻压力,可以改善心血管健康,降低患中风和痴呆症的风险,延年益寿。

（一）冰冻伏特加

将伏特加冷冻,酒杯上会形成一层薄霜,酒质地也会变得较稠,但不会结冰。饮用时,将伏特加倒入冰冻过的杯子的2/3左右,然后一口灌下去,甚是爽快。当冰冻伏特加一口饮下时,起初会感到一阵刺激的清冷,但几秒过后喉头便会感到一阵滚烫,是种极为刺激的饮酒方式。好的伏特加酒会很软腻、顺滑。它闻起来有谷物的味道,冻起来后,质地会变硬。

（二）净饮

饮用原味的伏特加时,最好提前把酒放在冰箱里冷藏3小时。接着,在子弹杯中倒入50毫升的伏特加,进行闻香。闻香的时候除了要将酒放到鼻子面前,还需要打开口腔,并缓缓晃动酒杯。如果香气十分强烈刺鼻,那说明伏特加的品质较低。一瓶上好的伏特加的香气应该循序渐进,层层展开。接着,抿一口伏特加,让酒液在口中停留几秒钟,留意伏特加的口感是轻盈还是厚重（厚重的口感会带有一定的黏稠度）,收尾是甜美还是有点咸味。接着,可以往伏特加中添加少量的水,继续品尝,看看有没有引出别的风味（图7.11）。

（三）燃烧伏特加

在烈酒杯中加入2/3的百利甜酒,然后再加入适量的伏特加,它会飘浮在甜酒的上面,用火点燃以后会冒出蓝色的火苗,先用吸管喝下层的甜酒,味道特别好（图7.12）。

（四）伏特加搭配牛奶

把适量的伏特加倒入酒杯中,再倒入适量纯牛奶,然后加入适量冰块,用手轻轻晃动,杯中散发着浓郁的奶香酒香气味,喝的时候对感官的冲击不会那么强烈,让人感觉比较舒服（图7.13）。

（五）疯狂喝法

将黑胡椒酒在伏特加中,吃一口辛辣的姜,然后快速地将50克的伏特加倒入口中。据说这是历史上最令人兴奋的饮料,那种强烈的刺激是无法用语言来形容的,但很多人却对这种喝法情有独钟,认为最能展现个人的魅力。

图7.11　伏特加净饮　　　　　图7.12　燃烧伏特加　　　　图7.13　伏特加搭配牛奶

第八章 朗姆酒

第一节　朗姆酒概述

一、概念

朗姆酒（Rum）是用甘蔗压出来的甘蔗汁、糖汁或糖蜜经过发酵、蒸馏而成。酒精度38%—50%，酒液有琥珀色、棕色，也有无色的。朗姆酒口感略甜、爽润，气味芬芳。

二、起源与发展

朗姆酒被称为"海盗之酒"，因为过去横行在加勒比海地区的海盗都喜欢喝朗姆酒。具有冒险精神的人，都喜欢用朗姆酒作为他们的饮料。

据说阿拉伯人于公元前600年把热带甘蔗带到了欧洲。1502年由哥伦布带到了西印度群岛，这时人们才开始慢慢学会把生产蔗糖的副产品"糖蜜"发酵蒸馏，制成一种酒，即朗姆酒。当时，在西印度群岛很快成为廉价的大众化烈性酒，当地人还把它作为兴奋剂、消毒剂和万灵药，它曾是海盗们以及现在的英国海军不可缺少的壮威剂，可见其备受人们青睐。在美国的禁酒年代，朗姆酒发展成为鸡尾酒的基酒，充分显示了其和谐的威力。另外，在举世闻名的法式烹饪中，朗姆酒也占一席之地。

朗姆酒也深得诸多作家的喜爱，在涉及航海冒险和海上战争题材的文学作品和影视作品之中，基本上都会出现朗姆酒的身影。在《加勒比海盗》中杰克船长经常喝的就是朗姆酒。英国曾流传一首老歌，是海盗用来赞颂朗姆酒的。据说，英国人在征服加勒比海大小岛屿的时候，最大的收获是为英国人带来了喝不尽的朗姆酒，它的热带色彩，也为冰冷的英伦三岛带来了热带情调。英国著名诗人威廉·詹姆斯曾说："朗姆酒就是男人博取女人芳心的最大法宝，它可以使女人从冷若冰霜，变得柔情似水！"

三、生产工艺

朗姆酒的生产原料为甘蔗汁、糖汁或糖蜜（图8.1）。甘蔗汁原料适合于生产清香

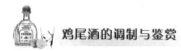

型朗姆酒;甘蔗汁经真空浓缩被蒸发掉水分,可得到一种较厚的带有黏性液态的糖浆,适宜于制备浓香型朗姆酒。

图8.1 朗姆酒的原料

（一）原料预处理

糖蜜的预处理可分成不同的阶段:首先要通过澄清去除胶体物质,尤其是硫酸钙,在蒸馏时会结成块状物质。糖蜜预处理的最后阶段是用水稀释,经冲稀后的低浓度溶液中,总糖含量每100毫升10—12克,是适宜的发酵浓度,并添加硫酸铵或尿素。

（二）酒的酿造和蒸馏

先将榨糖余下的甘蔗渣稀释,然后加入酵母,发酵24小时以后,蔗汁的酒精含量达5%—6%,俗称"葡萄酒"。之后进行蒸馏,第一个蒸馏柱内上下共有21层,由一个蒸汽锅炉将蔗汁加热至沸腾,使酒精蒸发,进入蒸馏柱上层,同时使酒糟沉入蒸馏柱下层,以待排除。经过这一工序后,蒸馏酒精进入第二个的蒸馏柱进行冷却、液化处理。第二个蒸馏柱有18层,用于浓缩。以温和的蒸汽处理,可根据酒精所含香料元素的比重分别提取酒的香味:重油沉于底部;轻油浮于中间;最上层含重量最轻的香料,其中包括绿苹果香元素。只有对酒精香味进行分类处理,酿酒师才能够随心所欲地调配朗姆酒的香味。

第二节 朗姆酒分类与产地

一、分类

（一）按颜色

1. 白朗姆（Silver Rum）

白朗姆是指蒸馏后的酒需经活性炭过滤后入桶陈酿1年以上。酒味较干,香味不浓。

2. 金朗姆（Gold Rum）

金朗姆又称琥珀朗姆，是指蒸馏后的酒需存入内侧灼焦的旧橡木桶中至少陈酿3年。酒色较深，酒味略甜，香味较浓。

3. 黑朗姆（Dark Rum）

黑朗姆又称红朗姆，是指在生产过程中需加入一定的香料汁液或焦糖调色剂的朗姆酒。酒色较浓（深褐色或棕红色），酒味芳醇。

（二）按风味

朗姆酒按风味可以分为清淡型和浓烈型两种风格。

1. 清淡型

清淡型朗姆酒是用甘蔗汁加酵母进行发酵后蒸馏，在木桶中储存多年，再勾兑配制而成。具有细致、甜润的口感，芬芳馥郁。酒液呈浅黄到金黄色，酒精度在45%—50%。清淡型朗姆酒主要产自波多黎各和古巴，它们有很多类型并具有代表性。

2. 浓烈型

浓烈型朗姆酒是由掺入榨糖残渣的糖蜜在天然酵母菌的作用下缓慢发酵制成的。酿成的酒在蒸馏器中进行二次蒸馏，生成无色的透明液体，然后在橡木桶中熟化5年以上。

浓烈型朗姆酒呈金黄色或淡棕色，酒香和糖蜜香浓郁，味辛而醇厚，酒精度为45%—50%。浓烈型朗姆酒以牙买加生产的为代表。

（三）按制作工艺

1. 农业型

通过天然甘蔗榨取甘蔗汁，经过发酵和蒸馏，生产的朗姆酒被称为农业型朗姆酒（法语：rhum agricole, Agricole），也称为Rhum z'habitant。

2. 工业型

用加工完糖后剩下的废糖蜜制作的朗姆酒。

二、朗姆酒产地

朗姆酒的产地是西半球的西印度群岛，包括牙买加、海地、多米尼加、特立尼达和多巴哥、古巴等国家。西印度群岛位于南美洲北面，大西洋及其属海加勒比海与墨西哥湾之间有一大片岛屿，它是拉丁美洲的一部分。哥伦布航行美洲时来到古巴，他从加纳利群岛带来了制糖甘蔗的根茎。古巴肥沃的土壤，水质和阳光使刚刚栽上的作物能够快速成长，制糖甘蔗就这样在这片土地上生长了。把这些岛群冠以"西印度"名称，实际上是来自哥伦布的错误观念。1492年当哥伦布最初来到这里时，误认为是到了东方印度附近的岛屿，并把这里的居民称作印第安人。后来人们才发现它位于西半球，因此便称它为西印度群岛。由于习惯上的原因，这一名称沿用至今。

农业型朗姆酒中，以马提尼克岛（Martinique）产的最为有名，被公认为最好品质的农业型朗姆酒，其也受到原产地命名保护（AOC保护）。AOC产地的农业型朗姆酒通常被标识为Rhum de Martinique（意指马提尼克岛产朗姆），在瓶身上标识有AOC字样。用这个标识的必须是受AOC保护的马提尼克岛产农业型朗姆酒，其他的则不可以用这个标识表示。受到AOC保护的农业型马提尼克朗姆酒从每一个环节都受AOC法令的规定，从甘蔗的种植品种开始，依次是种植过程、榨取甘蔗汁的方法、发酵方法、蒸馏方法、贮存方法、熟化方法等一系列制作过程都必须遵守相关规定。全球只有为数不多的酒商能生产这种AOC产地保护的马提尼克岛农业朗姆酒（图8.2）。

图8.2　马提尼克岛朗姆酒的风味

第三节　朗姆酒名品

一、百加得朗姆酒（Bacardi Rum）

百加得朗姆酒这个品牌创建于1862年，目前它已经成为全球最大的家族经营式烈酒公司，其产品遍布170多个国家。百加得朗姆酒的瓶身上有一个非常引人注目的蝙蝠图案，这个标记在古巴文化中是好运和财富的象征。

百加得旗下有多种风格的朗姆酒，可以满足众多消费者的不同需求。其中包括被称为"全球经典白朗姆酒"的百加得白朗姆酒，被誉为"全球最高档陈年深色朗姆酒"的百加得8年朗姆酒，还有全球最为时尚的加味朗姆酒——百加得柠檬朗姆酒。百加得自2000年进入中国以来，一直致力于打造年轻、新潮的品牌形象，用实际行动践行了"入乡随俗"的说法,采取本土化战略,赢得国内市场。因国内酒吧的惯例"绿茶兑洋酒"而特别推出一款全新绿茶味烈酒Tang,并将其定位于"中国菜佐餐酒"。百加得黑朗姆酒(Bacardi Black Rum)是法孔度先生的绝妙创作,产自波多黎各,是世界上有名的烈酒。150多年来,百加得朗姆酒已经获得超过300个国际性大奖;而象征着好运和财富的蝙蝠标识商标,也成了百加得优良品质的标志(图8.3)。

口感浓郁而顺滑,醇厚的辛辣中有微微的甘甜,还有热带水果、黄酒、焦糖和香草味,余味充斥着甘草和糖蜜味。同时,也是非常好的烘焙伴侣。

二、哈瓦那俱乐部朗姆酒(Havana Club)

哈瓦那俱乐部的名字,是为了纪念古巴朗姆酒的酿造传统,以及古巴首都哈瓦那独特的魅力(图8.4)。哈瓦那俱乐部的商标,也运用了哈瓦那市的市标图案"Giraldilla"。哈瓦那俱乐部靠古巴调酒师们的独特技艺保存了一整套古老的酿酒艺术,旗下有从陈年朗姆酒到白朗姆的产品线,是古巴朗姆酒的领袖品牌。口感独特、芬芳、醇厚、顺滑,香气持久,是最佳创意调酒的基酒之一,自诞生以来,"哈瓦那俱乐部"朗姆酒一直在最具权威性的国际比赛中获奖;今天,它是唯一一个真正的国际化古巴朗姆酒品牌。"哈瓦那俱乐部"与古巴文化密不可分,古巴人为这一真正的国家象征而骄傲。

图8.3 百加得朗姆酒

图8.4 哈瓦那俱乐部3年、7年和15年朗姆酒

(一)哈瓦那俱乐部3年朗姆酒(Havana Club 3 Year)

这是所有白朗姆酒中最为著名的,它混合了陈年蔗糖汁和特别清淡的蔗糖蒸馏液,形成一批初期的酒液,被贮存在白色橡木桶中酿制。然后,调酒师们选择其中品质

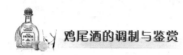
良好的酒液,调制成哈瓦那俱乐部3年朗姆酒,再次被贮存陈酿,直到最后过滤装瓶。酒体着重呈现香草、甜梨、香蕉和橡木桶的香味,口感十分愉悦,带有烟熏味、香草味和巧克力风味,是理想的鸡尾酒基酒。

（二）哈瓦那俱乐部7年朗姆酒（Havana Club 7 Year）

哈瓦那俱乐部7年朗姆酒呈美妙的红木色,曼妙香气带有可可、香草、甜烟草和热带水果的复杂香调。

（三）哈瓦那俱乐部15年朗姆酒（Havana Club 15 Year）

这是一款具有传奇色彩的高品质朗姆酒,它经过调酒师的反复陈酿和调制,拥有别致的果味芳香以及无与伦比的顺滑口感。

三、摩根船长（Captain Morgan）

图8.5　摩根船长黑朗姆酒、金朗姆酒

1944年,施格兰公司（Seagram Company）首次发布了名为"摩根船长"的朗姆酒,该酒得名于17世纪一位著名的加勒比海盗——亨利·摩根（Henry Morgan）。摩根船长朗姆酒口号:"向美好的生活,美妙的爱情和激越的奋斗致敬（To Life, Love and Loot）!"

踩在朗姆酒桶上的独眼爵士Henry Morgan是这款朗姆酒特色之处。喜欢冒险的Henry将自己的毕生精力投入探险和寻找财富之中。17世纪,他俨然已经成为最勇敢和成功的海盗。这款来自牙买加的朗姆酒经过两次蒸馏,采用传统原料甘蔗酿造,是一款有浓郁岛国风味的朗姆酒（图8.5）。

（一）摩根船长黑朗姆酒（Captain Morgan Black Jamaica Rum）

酒香浓醇而优雅,回味甘润,极富风味。在晚餐时候当开胃酒来喝,也可以在晚餐后喝。

（二）摩根船长金朗姆酒（Captain Morgan Gold Jamaica Rum）

富含糖分的甘蔗汁原料是生产清香型朗姆酒的天然原料,醇厚的口感和琥珀色,由内壁烘炙的白橡木桶经过三重蒸馏陈酿而成,散发天然的陈年木桶香草味。这是一支辛辣的朗姆酒,口感丰富,代表了时尚多彩的生活方式。

四、萨凯帕朗姆酒（Zacapa Rum）

特级朗姆酒顶尖之作萨凯帕朗姆酒,来自中美洲危地马拉,这款全世界唯一在海拔2 400多米高山云端间经过多年熟成的顶级朗姆酒,被称为"云顶之屋"（图8.6）。

其特别选用当地顶级甘蔗初榨糖蜜，在平均温度仅有
16.7℃的高地上储放熟成，故而不易受到温度剧烈变化
的影响，使朗姆酒得以发展出深沉、丰厚的口感，呈现独
具一格的酒质与风貌。

当然，除了处于高海拔的优越地理位置之外，精
纯的酿造技术也赋予萨凯帕朗姆酒更加深邃迷人的风
味。蒸馏大师Lorena Vasquez认为：萨凯帕是特殊
地区、文化与气候的化身，复杂的风味深深根植于其
气候风土及深入生产过程每个面向，关照各项细节的
技术。

萨凯帕朗姆酒的外观与口感近似于单一纯麦威
士忌或顶级干邑白兰地，兼具丰郁的香气与柔顺的口
味。不论用于纯饮、入菜或调酒都非常适配。曾荣获

图8.6　萨凯帕朗姆酒

帝亚吉欧主办的世界调酒大赛冠军，运用新鲜白蜜桃果泥作为主轴，添加柠檬汁、
黑莓酒，成功展现出萨凯帕朗姆酒奔放明媚的热带风情。此外，拥有烤坚果、焦糖
香气的Zacapa X.O，搭配微苦的热巧克力蛋糕与香草冰激凌，也是值得一试的绝
配组合。

第四节　朗姆酒的品饮

一、净饮

（一）酒杯

最好使用上窄下宽的玻璃杯，这样可以使酒香更为集中。香味实际上构成了食物
口感的70%—80%。

（二）闻香

在喝酒前应闻一闻酒香。注意不要把鼻子埋在杯中，这样会使鼻子被酒精蒸汽充
斥。同理，闻酒香时可以微微张开嘴。只是这样一个小小的动作就可以让"闻香"体
验大为不同。

（三）品饮

先抿一小口朗姆酒，让它流过口腔，含在嘴里让酒回荡一会儿后再咽下。细细啜
饮朗姆酒，会注意到它比威士忌口感更甜，这是因为它与谷物酿制的酒不同，是由蔗糖
的副产品酿造而来的。微甜的口感让朗姆酒尝起来更像一道甜点。同时，关注酒中香
草、焦糖和香甜香料的风味有多浓郁（图8.7）。

图 8.7　朗姆酒品饮

二、加冰饮法

给朗姆酒加冰，要用真正的纯净水冰块，要像拳头般大小。将酒精度70%以上的烈性朗姆酒，沿着杯壁缓缓倒入加冰的酒杯，再慢慢品尝。这样不仅透凉，还能喝到朗姆酒从纯烈酒到"水割"的不同滋味。

三、苏打水饮法

这是一种针对清淡型朗姆酒的饮用方法，酒精度40%左右的朗姆酒适合这种饮法。将朗姆酒与苏打水按照1∶2的比例混合，再挤入一点鲜柠檬汁，朗姆酒的酒体变得柔软，有点像陈年的啤酒，柔和复杂。看球赛的时候甚至能取代啤酒。

四、可乐饮法

这是墨西哥流行的喝法，沿着杯壁，往有冰块的朗姆酒中轻轻倒入可乐，然后缓缓摇动杯子，再倒入一点橙汁，就制造出酸甜冰凉的新饮料。之所以不将可乐直接倒在冰块上，是避免碳酸汽一下子消逝了，使口感变硬。

五、椰汁饮法

加勒比人最喜欢用椰子配朗姆酒，将白朗姆酒和冰的新鲜椰汁用1∶3的比例混合，就成了椰子酒，口感冰凉、清淡、柔和。将椰子肉切成小块，用白葡萄酒、葡萄醋、酸橙汁、盐腌一下做成小食，最适合搭配椰汁朗姆酒。

六、急冻橙汁饮法

将清淡型、40%酒精度的朗姆酒放进冰箱冷冻层，直到48小时以后再取出，这时朗姆酒成了冰液黏稠状，按1∶1的比例倒入鲜榨的橙汁，一口喝下肚，从喉咙到胃会划过一道滋味丰富的冰线。

七、冰激凌饮法

吃冰激凌的时候滴几滴清淡型的白朗姆酒，能给冰激凌带来一些木香味和野蜂蜜香味，吃起来滋味更丰富。

第九章 特基拉酒

第一节 特基拉酒概述

一、概念

（一）特基拉酒

特基拉（Tequila）是以蓝色龙舌兰植物为原料经发酵、蒸馏而成的烈酒。

龙舌兰酒被称为墨西哥的国酒，是墨西哥的特产。酿造龙舌兰酒时使用的是一种非常特殊且奇特的糖分——蕴含在龙舌兰草心（鳞茎）汁液里面的糖分。龙舌兰草（图9.1）是墨西哥一种特殊的原生植物，拥有很大的茎部，当地人称为龙舌兰的心（Piña）。这颗"心"非同寻常，重量高达80—300磅（约合35—135千克），某些在高地上生长的稀有品种甚至重达500磅（200千克）以上，其长相非常像是一个巨大的凤梨，内部多汁，富含糖分，因此非常适合被用来发酵酿酒。

图9.1　墨西哥龙舌兰

这种龙舌兰草大概有136种分支,其中最优质的一支被叫作"蓝龙舌兰"。只有用这支最优质的蓝色龙舌兰酿制出来的龙舌兰酒才能叫特基拉,而用龙舌兰草其他分支酿制出来的酒不叫特基拉,只能叫梅斯卡尔(Mezcal)。

（二）梅斯卡尔

梅斯卡尔其实可说是所有以龙舌兰草心为原料制造出的蒸馏酒的总称,简单说来特基拉酒是梅斯卡尔的一种,但并不是所有的梅斯卡尔都能称作特基拉。

梅斯卡尔主要生产在墨西哥南部,龙舌兰含量不低于80%,酿造梅斯卡尔的时候使用的龙舌兰有各个种类的,最多的是由29种龙舌兰酿造出的梅斯卡尔。陈酿不超过5年,可以加入焦糖色,成品酒的酒精度在36%—55%。梅斯卡尔的辨认很简单——瓶内有夜蝴蝶的幼虫,最初这是用来验证酒的质量(因为一定浓度的酒精是可以杀虫的),后来成了梅斯卡尔的标志,只有极少数的梅斯卡尔没有幼虫。

最初,无论是制造地点、原料或作法上,梅斯卡尔都较特基拉酒的范围来得广泛、规定不严谨,但近年来梅斯卡尔也渐渐有了较为确定的产品规范,以便能争取到较高的认同地位,与特基拉酒分庭抗礼。

龙舌兰酒是墨西哥十分重要的原生酒品,其中又以特基拉品质最高,远近驰名,是墨西哥重要的外销商品与经济支柱,因此受到极为严格的政府法规的限制与保护,以确保产品的品质。依照墨西哥的法律规定,必须用5个法定州内种植的蓝龙舌兰作为原料,并在这5个州内生产。特基拉酒的生产中心是墨西哥哈利斯科州(Jalisco)境内、瓜达拉哈拉(Guadalajara)和特皮克(Tepic)之间的特基拉镇(Tequila),同时所有发酵糖中必须至少有51%来自蓝龙舌兰,依此酿造出来的龙舌兰酒才有资格冠上特基拉之名在市场上销售。其实,特基拉与梅斯卡尔的关系,就好比干邑白兰地之于所有的法国白兰地一般。

二、起源与发展

龙舌兰酒既有悠久的历史,也不乏生动的神话传说。在古印第安文明中,龙舌兰被视为神树,神赐的礼物,它是女神马雅秀的化身。

据考证,龙舌兰酒的酿造史可追溯到公元2—3世纪。当时,居住在中美洲地区的阿兹特克人掌握了发酵酿酒的技术,多汁而含糖丰富的龙舌兰自然而然成为酿酒的原料。阿兹特克人用树枝戳开龙舌兰的茎,然后把收集来的汁液放入容器中,让其自然发酵,这种发酵酒就是普利克酒(Pulque)。在宗教活动中,不论老少都喝这种酒精度与啤酒差不多的龙舌兰酒,同时还被用来作为宗教信仰用品。

西班牙征服者到来后,也将蒸馏的技术带到这里。为了弥补葡萄酒或其他欧洲烈酒的不足,他们开始在当地寻找酿酒原料,于是看上了拥有奇特植物香味的普利克酒,但又嫌这种发酵酒不够劲,便通过蒸馏提升普利克酒的酒精度,用龙舌兰酿造的蒸馏酒就此产生。由于这种"新酒"梅斯卡尔是用来替代葡萄酒的,所以称其为梅斯卡尔

葡萄酒，或直接称为梅斯卡尔酒。它是古印第安文化及西班牙文化的结晶，加之是阿拉伯人教会西班牙人酿酒，所以龙舌兰酒是三种文化的结晶。梅斯卡尔的雏形经过了非常长久的尝试与改良后，才逐渐演变成为我们今日见到的梅斯卡尔/特基拉。

三、生产过程

生产过程为：劈切—糖化—发酵—蒸馏—过滤—陈酿。

根据墨西哥法律规定：混合龙舌兰酒在发酵前允许添加蔗糖或玉米，但不得超过49%。龙舌兰需经历漫长的成熟过程：每个成熟期长达8年左右。因此，技艺娴熟的工人会认真地寻找和采收具有最佳含糖量的韦伯蓝色龙舌兰。

劈切：使用一种名为COA的利器来剥掉叶片以取其中心部位Piña。

糖化：将龙舌兰根块切块，蒸煮，压榨。

发酵：高温发酵2—5天，可根据所需加入其他材料。

蒸馏：壶式蒸馏器和科菲蒸馏器（塔式蒸馏器）都可以用，壶式蒸馏器蒸馏两次，科菲蒸馏器蒸馏一次。

陈酿：大多数龙舌兰酒陈酿不超过6年，一般都是1个月到1年。有些会放置于手工桶中进行陈酿。Patron Reposado至少需陈酿两个月，而Anejo 7 Anos则需要陈酿7年之久，是陈酿时间最长的龙舌兰酒。

第二节　特基拉酒分类

一、按生产工艺分类

（一）混合类（Mixtos）

用龙舌兰加其他糖分酿制，其中龙舌兰用量大于51%，葡萄糖和果糖小于49%。

（二）100%龙舌兰

用100%的龙舌兰酿制，品质相对较高。

二、用瓶装酒分类

（一）白色（Blanco）或银色（Plata）特基拉酒

英语标注Silver。指未经陈酿的白色特基拉酒，蒸馏后在不锈桶中储存不足2个月，或者在橡木桶中经过短暂的储存。此类酒的酒液清亮透明，有植物香气，口感强烈，适宜混合饮用（图9.2）。

图9.2 白色特基拉酒

图9.3 年轻或金色特基拉酒

（二）年轻（Joven）或金色（Gold）特基拉酒

英语标注Gold。经橡木桶陈酿，酒液充分吸收了橡木颜色，或者是用焦糖及橡木萃取液染色的酒，也有可能用银特基拉加老特基拉勾兑而成，此类酒属于混合类，品质不如100%龙舌兰（图9.3）。

（三）莱普萨多（Reposado）特基拉酒

用橡木桶储存2—12个月，酒体呈淡黄或金黄色，口感相对复杂一点，比较浓厚（图9.4）。此类酒在墨西哥本土销售量最大。

（四）陈年（Anejo）特基拉酒

用橡木桶陈酿超过1年，低于3年。按法律规定：注明此术语的酒必须使用容量不超过350 L的橡木桶封存陈酿（图9.5）。

（五）超陈（Extra Anejo）特基拉酒

用橡木桶陈酿超过3年，大多为100%龙舌兰珍藏酒，酒龄较长，如世界最贵的烈酒 Tequila LEY.1925或上千美元的Asombroso等（图9.6）。此类酒的口感柔顺，香气微妙且复杂。

图9.4 莱普萨多特基拉酒

图9.5 陈年特基拉酒

图9.6 超陈特基拉酒

第三节　特基拉酒名品

墨西哥特基拉镇有24家主要的特基拉酒蒸馏厂,其中最大的是豪帅快活(Jose Cuervo)和索查(Sauza),这两家公司原来是市场上的主要竞争对手,后来通过联姻,成为协作厂家,以后又分别为其他大公司收购。

一、豪帅快活特基拉酒(Jose Cuervo Tequila)

豪帅快活是世界上最大的龙舌兰酒厂,也是历史最悠久的龙舌兰酒厂之一,在中国市场占有率也是最高的。分为金和银两种,"金"是在橡木桶中陈酿时间比较长的,香味更浓郁。"银"(无色透明)是陈酿时间比较短的,大概3年以下,口味比较劲道。

(一)豪帅金快活特基拉酒(Jose Cuervo Gold Tequila)

豪帅金快活特基拉酒在橡木桶中陈酿时间长,香味相对更浓重,其酒色泽通透,极度顺滑和谐,回味中有柠檬和蜂蜜的味道(图9.7)。

(二)豪帅银快活特基拉酒(Jose Cuervo Silver Tequila)

豪帅银快活特基拉酒作为目前唯一经特选橡木桶酿制而成的银色龙舌兰酒,是饱含酿酒大师心血的杰作(图9.8)。其香味和口感完美融合,细细品尝,有一丝美妙的香甜口感,令人着迷。

图9.7　豪帅金快活　　　　图9.8　豪帅银快活

二、培恩特基拉酒(Patron Tequila)

这款酒被公认为是墨西哥的国酒。1989年,约翰·保罗·乔德里亚(John Paul Dejoria)和马丁·克劳利(Martin Crowley)共同创建Patron Spirits Company,公司总部位于内华达州的拉斯维加斯,以酿造顶级龙舌兰酒为宗旨。

（一）培恩金樽特基拉酒（Patron Tequila Gold）

培恩金樽特基拉酒（图9.9）是款独特调和龙舌兰酒的精选陈酿，所有精心挑选的特基拉酒皆于白色小橡木桶中陈酿至少12个月。

颜色呈浅琥珀色调。香味具有橡木和清新龙舌兰芳香。口感具有清新龙舌兰和橡木芳香中带有柑橘和蜂蜜气息。余味有淡淡花香和香草气息。

（二）培恩银樽特基拉酒（Patron Tequila Silver）

颜色晶莹剔透。香味具有水果及柑橘香。口感顺口甜美。余味有少量胡椒味感（图9.10）。

图9.9　培恩金樽特基拉酒

三、懒虫特基拉酒（Camino Real）

懒虫特基拉酒于70年前起源于墨西哥的特基拉地区，选用天然优质的墨西哥龙舌兰酿制而成。它缤纷的色彩和独特而个性化的包装，透露出来的浪漫和激情势不可当。

（一）懒虫金特基拉酒（Camino Real Gold Tequila）

色泽呈金黄琥珀色。香味有花香蜜味。口感醇厚，有淡淡干果香味。回味浓郁、醇和（图9.11）。

（二）懒虫银特基拉酒（Camino Real Silver Tequila）

懒虫银特基拉酒，如图9.12所示。

图9.10　培恩银樽特基拉酒

图9.11　懒虫金特基拉酒

图9.12　懒虫银特基拉酒

四、奥美加特基拉酒（Olmeca Tequila）

奥美加是优质的混合型特基拉酒。自1967年以来，奥美加一直在位于墨西哥海

拔2 100米的洛斯阿尔斯手工采摘龙舌兰植物。富有经验的专家采用独特的生产工艺，结合手工采摘的龙舌兰植物，用砌筑炉、人工培养的酵母发酵，再加上小洞罐式蒸馏器蒸馏，创造出了奥美加特基拉酒柔顺的口感和独一无二的个性。

（一）奥美加金特基拉酒（Olmeca Reposado Tequila）

色泽呈温暖琥珀色。香味有柔和新鲜的柠檬清香。口感具有酒味的甘醇丰富。回味浓郁醇和（图9.13）。

（二）奥美加银特基拉酒（Olmeca Blanco Tequila）

香味有新鲜的草药味辅以青椒和酸柠檬香气。口感呈甜蜜和蜂蜜味混合着轻微的烟熏味。只在铜罐蒸馏器蒸馏后直接装瓶（图9.14）。

图9.13　奥美加金特基拉酒　　　　　图9.14　奥美加银特基拉酒

五、阿卡维拉斯特基拉酒（Agavales Tequila）

阿卡维拉斯在西班牙语中意为"龙舌兰生长的地方"。阿卡维拉斯特基拉酒使用的是产自哈利斯科州最优质的龙舌兰酿造。有阿卡维拉斯金特基拉酒（Agavales Gold Tequila，图9.15）和阿卡维拉斯银特基拉酒（Agavales Blanco Tequila，图9.16）。

图9.15　阿卡维拉斯金特基拉酒　　　　图9.16　阿卡维拉斯银特基拉酒

六、唐胡里奥特基拉酒（Don Julio Tequila）

唐胡里奥特基拉酒是以它的创始人唐·胡里奥·刚萨雷斯·富罗斯多·埃斯特拉达（Don Julio Gonzalez_Frausto Estrada）的名字命名的，1942年，在唐·胡里奥17岁的时候，他就开始蒸制龙舌兰酒，在认识到垂直整合统一管理的好处之后，他创立了自己的酿酒厂，并在以后的40年里，一直努力改进他的生产工艺。唐·胡里奥秉承着60多年的龙舌兰酒制作经验，只选用产自法定产区蓝龙舌兰为原料，坚持使用传统的手工酿制的制作工艺，造就了唐胡里奥特基拉酒极其顺滑甘甜的口感与回味。

（一）唐胡里奥金标特基拉酒（Don Julio Reposado）

唐胡里奥金标特基拉酒（图9.17）即为停留橡木桶中之意，此酒在美国波本威士忌白橡木桶中熟成6个月后推出，呈淡金黄麦秆色，酒中闻有香蕉、杏仁饼和浓艳花香。入口，酒体圆厚更胜前者，咖啡香、英式太妃糖香、香草香齐发，瞬间有小红浆果香气出现。

（二）唐胡里奥银标特基拉酒（Don Julio Tequila Blanco）

唐胡里奥银标特基拉酒（图9.18）不经橡木桶熟成，酒色水白清透，外圈带银蓝水光，香气以蔗糖、新鲜莱姆皮、小白花为主，入口净洁甘醇，有煮熟龙舌兰的特有香气，后韵有奶油、焦糖和略微烟熏气息。这是一款优雅略带辛香料调性的佳作，也是调制"玛格丽特"等经典鸡尾酒的完美基酒。

七、白金武士特基拉酒（Conquistador Tequila）

白金武士金特基拉酒（Conquistador Gold Tequila），如图9.19所示。白金武士银特基拉酒（Conquistador Silver Tequila），如图9.20所示。

图9.17　唐胡里奥金标特基拉酒

图9.18　唐胡里奥银标特基拉酒

图9.19　白金武士金特基拉酒

图9.20　白金武士银特基拉酒

107

Ji Wei Jiu De Tiao Zhi Yu Jian Shang

第四节　特基拉品饮

特基拉酒是墨西哥的国酒,也是墨西哥的灵魂。墨西哥人栽种下龙舌兰,经过8—12年的漫长等待才有了第一次收获,那是怎样的耐心与忍耐;它那通常重达上百千克的根茎只能酿造7升左右的酒又是怎样的一种萃取和凝练;直到将酒杯端起,让那或透明或金黄的液体和着海盐、柠檬、辣椒干滚进喉管,又如火球般再滚进胃里,所有的想象都释放在这积累厚重的热情与豪放中了。是的,在年均气温25℃的地方,用最热烈的方式畅饮这40度的烈酒!

一、传统品饮法

墨西哥人喝特基拉酒很有讲究,先在拇指和食指上撒点儿盐,再切一块酸柠檬,放置一碟辣椒干。准备就绪后,他们先舔一下盐,让盐的味道刺激到所有的味蕾;吮一口酸柠檬,让柠檬的汁液散布到整个口中;吃一片辣椒干,然后才拿起酒杯悠悠地喝一口。在我们看来这好似火上浇油,而他们却似乎十分享受,三样东西的味道,一样比一样更刺激,先是咸,再是冲,最后是涩,因为龙舌兰酒本身有一种淡淡的涩味,用柠檬的微酸可以削减这种味道。此时盐清咸、柠酸涩、酒热辣,混合成一种协调舒服的味道,如同火球一般从嘴里顺着喉咙一路燃烧,十分刺激,下酒菜往往就地取材,如一盘烤仙人掌虫和炸蚱蜢,奔放的墨西哥音乐也是必不可少的搭配(图9.21)。

图9.21　特基拉传统品饮法

二、桑格丽塔(Sangrita)

（一）第一步：冰冻

将特基拉酒放入冰箱冷冻层,冻至最佳饮用状态——冰液黏稠状后取出,倒入特别的特基拉酒杯。

（二）第二步：做一杯桑格丽塔

墨西哥人不用盐和柠檬，他们一手拿特基拉，另一只手拿桑格丽塔。将番茄汁2份、鲜柠檬汁1份、辣椒汁（适量）、辣椒油（少量）、白胡椒（适量）、芹子盐（少许）混合调匀，这便是墨西哥人爱不释手的桑格丽塔。将它倒入特基拉酒杯，抿一小口，再喝一口特基拉，这才是墨西哥。

（三）第三步：干杯

喝特基拉通常是小口慢慢品，如果要干杯，需要先深吸一口气，将杯中酒一饮而尽，再摆出一副畅通的表情，徐徐把空气呼出来。墨西哥人认为，酒气吸到肺里人很快就醉了，所以先把肺里填满空气，再把酒气吐出来，这样酒量最少提升30%。

三、纯饮

一般真正了解特基拉酒和特基拉酒所包蕴的文化的儒雅人士、品酒师才这样喝。先将特基拉酒含在嘴里，待舌头微麻时，慢慢下咽，会进入一种忘我的境界。

四、特基拉酒 + 冰

几口酒后，有一种爆炸感发生在身体里，感觉很奇特。

五、特基拉碰（Tequila Bom Bom）

（1）先在老式杯中倒入一份特基拉酒。

（2）再倒入苏打水或者七喜汽水，但不可超过半杯。

（3）用杯垫盖住杯口，用力朝桌面敲下，香甜的酒气随着透明的气泡奔涌，是见过的最欢乐的酒。

（4）泡沫涌上时一口喝完。

六、特基拉酒 + 牛奶

养颜瘦身，适合女士。

七、特基拉酒 + 咖啡

在热咖啡一份中加入一盎司特基拉酒，那种怪怪的味道让人无法忘怀。

第十章　配制酒

配制酒过去主要以葡萄酒为基酒，人们把它归为葡萄酒类，但现在配制酒的酒基可以是原汁酒，也可以是蒸馏酒，还可以两者兼而有之。

第一节　开　胃　酒

一、概念

开胃酒又称餐前酒，人在餐前喝了能够刺激胃口、增加食欲。开胃酒主要是以葡萄酒或蒸馏酒为原料，加入植物的根、茎、叶、药材、香料等配制而成。

适合于开胃酒的酒类品种很多，传统的开胃酒品种大多是味美思（Vermouth）、苦味酒（Bitter）、茴香酒（Anises），这些酒大多加过香料或一些植物性原料，用于增加酒的风味。现代的开胃酒大多是调配酒，用葡萄酒或烈性酒作酒基，加入植物性原料的浸泡物或在蒸馏时加入这些原料。

二、来源

（一）拉丁文

开胃酒一词来源于拉丁文aperare，指的是在午餐前打开食欲。另有一些人说它诞生于中世纪，那时人们喜欢在午餐前品尝药酒或添加过香料的葡萄酒；也有人相信它始于罗马人时代，因为他们已经开始喝甜酒了……某些植物被公认为具有开启食欲或是恢复食欲的功效。

（二）罗马

餐前酒最早出现于1786年的意大利都灵，而餐前饮用适量酒精可以刺激食欲这个概念的诞生则可以追溯到古埃及。在一份关于18世纪意大利的游记就记载了当时的意大利人在餐前喜爱饮用苦艾酒。

罗马人嗜好甜酒，中世纪时，人们笃信药酒或添加过香料的酒，接着出现了

Hypocras酒和味美思酒,甜葡萄酒随后出现了。到了20世纪,人们才逐渐养成在正餐前喝酒的习惯。"开胃酒"一词被当作名词使用的历史,可以向前追溯到1888年。它指代酒(如味美思酒、金鸡纳皮酒),或用来指由酒精(如茴香酒、苦味酒、Americano、龙胆健胃剂)制成的饮料,另外也可指水果白兰地和利口酒(如鸡尾酒、威士忌)。喝开胃酒的习惯与社会风气、习俗相互呼应。

1926年*Larousse Household*里就有这样的推荐:"午饭前半小时来一碗脱脂的汤就是极好的开胃酒,因为它能刺激唾液和胃液的分泌,并且有助于胃液中胃蛋白酶的生成。"有些人则喜欢在饭前喝上一杯香槟酒。在法国,晚餐正式开始前都会有一个不可或缺的仪式——喝开胃酒。据调查,每10个法国人里就有9个有晚餐前喝开胃酒的习惯。"品尝开胃酒是享受法国生活的一种方式。""开胃酒是法餐传统中的元素之一。若你对法国有些了解,就会明白食物对于法国人来说是多么神圣!"

三、分类

(一)味美思(Vermouth)

1. 概念

以葡萄酒为基酒,并兑入各种植物的根、茎、叶、皮、花、果实及种子等芳香性物质加工而成的一种餐前酒。因酒中加入了草药苦艾,译名为味美思。酒精度在18%左右。最好的产品是法国和意大利生产的。

调制味美思的香料主要包括苦艾、大茴香、苦橘皮、菊花、小豆蔻、肉豆蔻、肉桂、白术、白菊、花椒根、大黄、丁香、龙胆、香草等(图10.1)。

图10.1 调制味美思的香料

凡动植物药材用于酒中,最初的目的无外乎都为药用。当今多种由传统草药酒衍生的流行药酒配方中,味美思都为主要原料之一,其在世界范围内的医疗论证中都具有治疗肠胃不适和驱除腹中寄生虫的功效。

2. 来源

味美思源于德语Wermut（苦艾）的法语发音，以苦艾为主要原料制作的加强型葡萄酒在16世纪的德语区就已流行。后期意大利商人从奥地利、匈牙利习得此法并开始在原撒丁王国（Sardinia）的领土区域生产类似加强、加香的葡萄酒。

该区域位于意大利西北部，主要包括现代意大利皮埃蒙特大区（Piemonte）和归属法国的萨沃伊地区（Savoy）。1786年意大利酒商Antonio Benedetto Carpano在都灵（Turin）改良出第一款甜型味美思，推向商业市场，以法语发音念德语Wermut转化命名的味美思开始流行起来。但要注意，甜味美思的主要配料并非苦艾。此后的意大利味美思就指秉承早期都灵味美思风格的传统工艺和古老配方的味美思。

1800—1813年，法国尚贝里（Chambery）、里昂（Lyon）和马赛（Marseille）地区开始制作淡色干型味美思。特别是1813年约瑟夫·诺伊（Joseph Noilly）制出第一支干型味美思。其后期品牌Noilly Prat和Carpano一样留存至今并成为味美思的代表品牌。

19世纪中后期，古典鸡尾酒逐渐兴起，开胃酒味美思被当时赋予创造力的调酒师们写进配方中并加以实验。味美思在许多经典鸡尾酒配方中的比例甚至一度超过烈酒基酒。虽然美国禁酒令期间味美思和用它调制的鸡尾酒备受打击，但在欧洲仍是重要的开胃酒和鸡尾酒材料。

3. 调制方法

味美思是在葡萄酒基酒添加酒精和香料植物，再过滤和陈酿而成。除现代味美思中的Rosé用桃红葡萄酒（Rosé）作为基酒，其他味美思都用白葡萄酒或Mistelle（未经发酵或未发酵完的葡萄汁和酒精的混合液）作为基酒。

基酒经短时间陈酿后浸泡干的香料植物或加入蒸馏得到的植物浸出液。所有味美思都会使用苦艾，苦艾是给干味美思带来苦度的主要植物，但不是甜味美思使用的主要植物。除苦艾外，味美思常会用丁香、肉桂、柑橘皮、肉豆蔻、洋甘菊、杜松子、甘草、当归、金银花、橙皮等来赋予其复杂的苦和香。不同品牌的味美思使用的植物种类和比例各异，同类型的味美思就有风味和价格上的高低。

接着加入蒸馏酒精加烈至16%—22%，有些品牌会让蒸馏酒精先浸泡一些芳香物质再用于加烈。加烈后酒液经过滤，置入木桶中陈酿一段时间后装瓶，因此一些法国干型味美思多少带点橡木桶的气息。甜味美思要在加入酒精强化前，加入一定比例的糖浆或焦糖增甜上色，其颜色来自糖浆或食用着色剂着色而非由红葡萄酒酿制。味美思的主要制作方法如下。

（1）加入药料直接浸泡。

（2）预先制造香料，再按比例加至葡萄酒。

（3）在葡萄发酵期，将配好的药料投入发酵。

4. 分类

味美思分干（dry）、白（blanc）、甜（sweet）几种，主要是由酒中含糖分的多少来区分。通常，干是指含糖分极少或不含糖分；甜是指含糖较多。

（1）白味美思（Vermouth Blanc）：色泽金黄、香气柔美、口味鲜嫩，较甜，含糖量10%—15%，酒精度18%。

（2）红味美思（Vermouth Rouge）：色泽琥珀色，香气浓郁，草本和香料味。含糖量15%以上，酒精度18%。

（3）干味美思（Vermouth Dry）：法国草黄棕黄色；呈淡白、淡黄色，风味清淡、酸度明显，有草本、香料味和花香气息，含糖量不超过4%，酒精度18%。

（4）都灵味美思（Vermouth de Turin或Torino）：调香用量大，香气浓郁扑鼻，有多种香型，如桂香味美思、金香味美思等。

5. 名品

甜型味美思，以意大利最有名，如卡佩诺（Carpano）、利开多纳（Riccadonna）、仙山露（Cinzano）、干霞（Gancia）。干型味美思，以法国最有名，如杜法尔（Duval）、香白丽（Chambery）、诺宜利·普拉（Noilly Prat）。

（1）马天尼味美思酒（Martini Vermouth）。

1863年，马天尼家族于意大利都灵市附近开设一家小型葡萄酒厂，精研混酒技术，创制出今日名为"味美思"的新酒。马天尼产品迅速流行意大利，亦得到全球的推崇，被誉为具有低酒精度、精雅高贵而气味芬芳的开胃酒。

马天尼味美思的基本成分为干白酒，添加的味道来自35种不同植物的叶、花、种子和根的精华。马天尼有三种类别（图10.2），分别是马天尼白味美思（Martini Bianco Vermouth）、马天尼干味美思酒（Martini Extra Dry Vermouth）、马天尼红味美思酒（Martini Rosso）。

图10.2　马天尼白味美思、干味美思和红味美思

（2）诺宜利·普拉（Noilly Prat）。

该酒厂位于法国埃罗省东南部马尔塞扬的一个靠海城市，所采用的葡萄园在朗格多克（Languedoc），这里也是著名的生蚝产区，因此当地人在品饮Noilly Prat时都会配上新鲜生蚝饮用。诺宜利·普拉在1813年推出了当时世界上首支干型味美思，原始配方是创始人约瑟夫·诺伊受到陈年葡萄酒的启发而研制的，经过时间与环境的变

化,诺宜利·普拉在1990年被百加得公司买下。

诺宜利·普拉(图10.3)采用了匹格普勒(Picpoul)和克莱雷(Clairette)这两个葡萄品种所制成的葡萄酒来制作,同时搭配麝香葡萄(Muscat)的发酵液调配而成。这些葡萄生长的地方就邻近生蚝产区,其中匹格普勒带有浓郁柑橘与微酸香气口感,因此用来搭配海鲜非常适合,在制成诺宜利·普拉的比例中占了60%;剩下的40%则是使用了克莱雷这种厚实果香的品种,比起匹格普勒柑橘与酸更少。有趣的是,诺宜利·普拉不拥有葡萄园,他们是跟当地厂商购买,但并不是买葡萄,而是购买酒精度在12.5%—14%、未陈酿过的现成葡萄酒。甜味的部分就来自麝香葡萄发酵液,这种发酵液在发酵完成前加入中性酒精来诱使停止发酵,并且为了维持一定的甜度还要确保每1升要加入100克的糖,之后进行陈酿。

图10.3 诺宜利·普拉

诺宜利·普拉葡萄发酵液陈酿室如图10.4所示,从1850年建立一直使用至今,因为混合桶太大,所以当时是先把桶固定好位置后才盖了房子(不然桶进不去)。发酵液陈酿时间为1年。

图10.4 诺宜利·普拉葡萄发酵液陈酿室

① 特干型(Extra Dry)。

酒精度18%,混合了白酒、罗马洋甘菊、法国龙胆草、突尼西亚柑橘皮与印度尼西亚的肉豆蔻。

外观颜色透明明亮。香气具有花草植物香气、些许洋甘菊香。口感上带有轻微的苦涩结尾。

② 一般干型（Original Dry）。

酒精度18%，混合罗马洋甘菊、法国龙胆草、突尼西亚柑橘皮与印度尼西亚的肉豆蔻。

外观颜色呈微黄。闻香有些许木桶、花草植物香气和些许洋甘菊香。口感上带有轻微又复杂的苦涩和些许香料结尾。

③ 胭脂（Rouge）。

酒精度16%，混合了白酒、希腊藏红花、法国薰衣草、马达加斯加的丁香与委内瑞拉的可可豆。

外观颜色呈宝石红。香气具有复杂又浓郁的丁香香料风味，还有些许薰衣草香。口感上有轻微到中等的甜味、微辛辣的可可风味和丰富的香料口感。

④ 琥珀（Ambre）。

酒精度16%，混合了白酒、摩洛哥玫瑰苞、印度白豆蔻与斯里兰卡的肉桂。

外观颜色呈琥珀铜。香气有复杂又浓郁的香料与玫瑰风味。口感上有复杂又浓郁的香料与玫瑰风味。

6. 品饮方式

在欧洲，当作开胃酒品尝的味美思只需倒上2盎司，适当冰镇或者加冰，不要掺水，再倒上一点点同样有着草药风味的金酒则更好。

干型或一些白味美思适合搭配海鲜类食物，如生蚝、刺身，或者用蒸煮等保留原汁原味的方式烹调过的海鲜菜肴。只需加冰块和柠檬，还可以兑些冰镇过的苏打水，也可兑白中白香槟起泡酒。

甜味美思适合同甜品、乳酪及一些荤菜（如酱汁烹调的鹅肝或红肉）搭配，同样可以兑冰镇过的苏打水或白中白香槟起泡酒，也可只加冰块和橙皮（图10.5）。

图10.5　味美思品饮方式

（二）苦味酒（Bitter）

1. 概念

苦味酒，英文译音有时称"必打士"或"比特酒"，是用葡萄酒或某些蒸馏酒加入植物根茎和药材配制而成。酒精度在16%—40%，有助消化、滋补和兴奋的作用。味道苦涩。

2. 名品

（1）金巴利（Campari Liqueur）。

金巴利是意大利生产的著名开胃酒，是一种使用酒精和水浸泡香草及其他芳香植物和水果而制成的烈酒（图10.6）。金巴利的历史要追溯到1860年的诺瓦腊，当时发明的秘方仍沿用至今。1904年金巴利第一家酒厂在塞斯托-圣乔瓦尼（Sesto San Giovanni）开业，并且开始海外出口贸易。到目前为止金巴利品牌已经遍及190多个国家，并且成为世界上著名的烈酒品牌之一。

色泽呈鲜红色。香味有温暖果香味。口感具有醇和浓郁的水果口感。回味醇和。

（2）杜本纳（Dubonnet）。

杜本纳产于法国，是法国最著名的开胃酒之一，始创于1846年（图10.7）。它是用金鸡纳树皮及其他草药浸制，在葡萄酒中制成的。

酒精度16%，通常呈暗红色，药香明显，苦中带甜，具有独特的风格。有红白两种，以红色最为著名。美国也有生产杜本纳。口感呈暗红色，药香明显，苦中带甜。

杜本纳带奎宁味且较甜，饮用时通常加七喜、汤力水、苏打水，或净饮、加冰、加柠檬片（其酸度分解甜味），可用于调制鸡尾酒。

（3）菲奈特·布兰卡（Fernet Branca）。

菲奈特·布兰卡是意大利最有名的苦味酒，是在葡萄酒或蒸馏酒中加入树皮、草根、香料及药材浸制而成的酒精饮料（图10.8）。该酒酒味苦涩，酒精度在16%—40%。创始于1845年的布兰卡家族。这款酒颜色呈极具特色的棕色，含有精选自世界各大洲的27种草药：南美洲的芦荟、中国的大黄、法国的龙胆草、印度或斯里兰卡的良姜、

图10.6　金巴利　　　　　　　图10.7　杜本纳　　　　　图10.8　菲奈特·布兰卡

欧洲和阿根廷的甘菊等。在酒精饮料、萃取物和凉茶中混入花、根、植物和草药,这种混合物要在橡木桶中陈酿1年时间,其间植物成分的芳香得以充分提炼,届时整个生产过程才算大功告成,这个相当长的过程成就了菲奈特·布兰卡的独特味道。酒精度在40%—45%,其味甚苦,被称为"苦酒之王"。

与其他苦味酒一样,菲奈特·布兰卡在19世纪时作为一种万能的灵药开始流行起来,具有舒缓肠胃、促进消化等作用。在意大利,人们通常在餐后饮用,冷藏后直接饮用,或者不加冰。在阿根廷,典型喝法是加可乐饮用。在旧金山,菲奈特·布兰卡的喝法以其奇特的添加材料而闻名,典型的喝法是添加姜汁啤酒(或者姜汁)。这种喝法在当地非常流行,人们称之为"调酒师之礼"(Bartender's Handshake)。姜汁可以压下菲奈特·布兰卡中草药的涩味,并且提升酒精的刺激感。而且,姜汁有助于消化,所以这会对肠胃有益。菲奈特·布兰卡被称作意大利人舌头上的精灵。

(4)安哥斯图拉苦精(Angostura Bitter)。

安哥斯图拉苦精最早是由一名叫作西格特的医生发明的,他以当地出产的朗姆酒作为底酒,再加入龙胆根,创制了这种药酒,并以当时所在的委内瑞拉一个小镇的名字命名了这种酒(图10.9)。安哥斯图拉苦精被认为具有医用价值,据说可以有效地缓解打嗝,另外也可以用来治疗胃部不适。

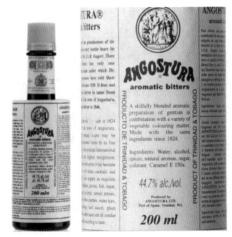

图10.9　安哥斯图拉苦精

安哥斯图拉苦精的配方是严格保密的,全世界只有5个人知道整个配方的秘密。安哥斯图拉苦精高度浓缩的苦味非常独特,酒精浓度虽然高达44.7%,但一般都不会直接饮用,而是用一点点来调味。1873年维也纳世界博览会上,安哥斯图拉曾赢得一枚奖牌。自此在其硕大的标签上就印着奖牌背面奥地利皇帝弗朗茨·约瑟夫一世的头像。

(三)茴香酒(Anises)

1. 概念

茴香酒是用茴香油与食用酒精或蒸馏酒配制而成,茴香油一般从八角茴香和青茴香中提取。前者多用于开胃酒的制作;后者多用于利口酒的制作。

2. 分类

有无色和染色之分。有光泽,茴香味浓,馥郁迷人,味重而刺激,酒精度25%。法国产最为著名。

3. 名品

(1)里卡尔(Ricard),产自法国(图10.10)。

(2)培诺(Pernod),产自法国(图10.11)。

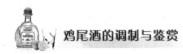

图 10.10　里卡尔　　　　　　　　图 10.11　培诺

（3）亚美利加诺（Americano），产自意大利。

（4）辛（Cin），产自意大利。

四、开胃酒饮用方式

（1）在餐前饮用，用开胃品佐餐。

（2）净饮或掺兑（加冰块、果汁、汽水、矿泉水）。

（3）金巴利配一片柠檬皮。

（4）杯容量：味美思、苦味酒50毫升/杯；茴香酒30毫升/杯。

第二节　利　口　酒

一、概念

利口酒（Liqueurs）是以食用酒精和其他蒸馏酒为基酒，配制各种调香物品，并经过甜化处理（一般加入1.5%的糖蜜）的酒精饮料。高度或中度的酒精含量，颜色娇美，气味芬芳独特，酒味甜蜜。舒筋活血，帮助消化，法国人称之为Digestifs。

二、酿造方法

（一）浸渍法

将果实、药草、木皮等浸入葡萄酒或白兰地中，再经分离而成。

（二）滤出法

用吸管的原理，将所用的香料全部滤到酒精里。

（三）蒸馏法

将香草、果实、种子等放入酒精中加以蒸馏即可。这种方法多用于制作透明无色的甜酒。

（四）香精法

将植物性的天然香精加入白兰地或食用酒精等烈酒中，再调其颜色和糖度。

三、种类

（一）水果类

以水果为原料成分并以水果的名称命名，如樱桃白兰地。构成：水果（果实、果皮）、糖料和酒基（食用酒精、白兰地或其他蒸馏酒），一般采用浸渍法制作，口味新鲜、清爽。

（二）种子类

用果实的种子制成的利口酒，如杏仁酒等。

（三）香草类

以花、草为原料制成的利口酒，如薄荷酒、茴香酒等。

（四）乳脂类

以各种香料和乳脂调配出各种颜色的奶酒，如可可奶酒。

四、名品

（一）水果类利口酒

1. 橙皮利口酒（Curacao）

橙皮利口酒混合多种药草、甜橘以及最特别的原料——荷兰Curacao小岛上特产香气浓郁但具苦味的苦越橘经蒸馏程序而产生。有透明无色、蓝色等，具有清新柑橘的特殊风味，橘香悦人、清爽、优雅、味微苦，适宜做餐后酒和混合酒的配酒（图10.12、图10.13）。

图10.12　波士蓝橙皮利口酒

图10.13　波士白橙皮利口酒

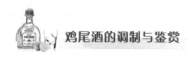

波士（BOLS）利口酒厂是荷兰阿姆斯特丹历史最悠久的酒厂之一，诞生于1575年，波士家族延续发展着利口酒的酿造，配方在父子间一代又一代地传下去，直到1816年，酿酒厂被转卖，但根据条款，保留了波士的名字，而且永远不能更改。波士利口酒现已成为调制高级鸡尾酒不可或缺的混合成分，目前拥有31种口味。波士利口酒以绚丽的色彩、众多的口味和高百分比的酒精含量享誉世界，为无数鸡尾酒爱好者所钟爱，更成为一流调酒大师们的首选利口酒。

2. 君度利口酒

（1）君度橙味利口酒（Cointreau Orange Liqueur）。

君度橙味利口酒是世界上最著名的橙味利口酒品牌之一，是法国阿道来家族在18世纪初创的（图10.14）。配制君度橙味利口酒的原料是一种青色的如橘子的果子，果肉苦又酸，产自海地的毕加拉、西班牙的卡娜拉和巴西的皮拉。

君度橙味利口酒的酒精浓度为40%，浓郁酒香中混以水果香味，鲜果交杂着甜橘的自然果香，橘花、白芷根和淡淡的薄荷香味显示出君度橙味利口酒特殊的浓郁和不凡气质。在任何时刻，随手为自己调一杯Cointreau on Ice，雅致情趣便唾手可得，甘美香醇潮流心扉。君度橙味利口酒的酿制秘方一直被家族视为最珍贵的资产。早期的君度较偏向用作基酒，20世纪80年代以后，君度中加入冰块及柠檬片的单纯调法，已成为最风尚的饮法，微甜微酸、清凉剔透的原始风味赢得了大家的喜爱。

（2）君度血橙利口酒（Cointreau Blood Orange Liqueur）

君度血橙是对原君度橙味利口酒的新尝试（图10.15）。甜、苦和血橙皮之间的平衡，带给人们新的口味体验，拥有成熟柔顺口感和浓郁的香气。

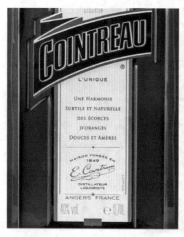

图10.14　君度橙味利口酒　　　　　图10.15　君度血橙利口酒

3. 金万利利口酒（Grand Marnier Liqueur）

来自加勒比海的独特野橘酿制而成的利口酒，与法国陈年干邑完美调配，经过两次陈化后，创造出一种令人惊喜的意外口感（图10.16）。

图10.16　金万利利口酒

图10.17　马利宝椰子朗姆酒

许多全球知名人物,如著名影星裘德洛,珍尼佛罗帕芝,艺术家罗纳德,到餐饮界名人Cesra Ritz与知名大厨Escoffier,都是金万利香橙干邑的忠实拥护者,为它的香醇口感虏获,它是近25年来法国出口额最大的甜酒。根据权威杂志*IMPACT*的统计,金万利香橙甜酒名列国际知名烈酒品牌前100,占全球利口酒销售额排名第3位。

色泽呈明亮的黄玉色泽,混合着淡淡的金色和琥珀色,明亮通透。香味是浓郁的香橙的芬芳夹杂着丝丝甜香,糅合了干邑在橡木桶中陈化后焕发出的淡淡木香,以及香草和牛奶焦糖布丁的味道。天然野生柑橘的芬芳在干邑的烘托下口感愈发浓郁,逐渐呈现出橘子酱、蜜橘、榛子和太妃糖味道。温润香醇,余韵悠长。

4. 马利宝椰子朗姆酒(Malibu Caribbean Rum With Coconut)

马利宝朗姆酒是一款使用天然椰子萃取物酿造的风味朗姆酒,是全球排名第一的椰子口味朗姆酒(图10.17)。采用甘蔗、泉水及精选酵母来发酵,再加上点睛之笔——椰子和糖,就制成了顺滑清爽的朗姆酒。马利宝椰子朗姆酒产于西班牙,其独特的全白色瓶子包装,代表着休闲的加勒比海生活方式,在美国、英国、西班牙、法国和荷兰等地有极高的知名度。

5. 飘仙(Pimm's)

1804年,詹姆士·飘仙(James Pimm)以金酒为酒基,调制出飘仙1号,其后再以20年时间,令调酒的配方臻于完美境界(图10.18)。时至今日,仍依照着只有6人知晓的秘方,将金酒与优质利口酒及果浆精华细心混合,调配独一无二的佳酿。Pimm's除了非常常见的金酒为酒基的1号以外,还有其他品种,如Pimm's No.1 Gin(金酒)、Pimm's No.2 Whiskey(威士忌)、Pimm's No.3 Brandy(白兰地)、Pimm's No.4 Rum(朗姆)、Pimm's No.5 Rye(黑麦威士忌)、Pimm's No.6 Vodka(伏特加)、Pimm's No.7 Tequila(龙舌兰)、Pimm's Winter Cup(季节性特供,以3号为基底并添加了香料和橘皮)。

图10.18　飘仙1号

（二）种子类利口酒

1. 甘露咖啡利口酒（Kahlua Coffee Liqueur）

甘露咖啡利口酒产自墨西哥，已问世50多年，乃现时美国最流行的利口酒品牌，拥有超过900万支持者，风行加拿大、澳大利亚、新西兰、墨西哥、日本和欧洲等地，现在还继续延伸至东南亚和南美洲。

甘露咖啡利口酒（图10.19）以产自热带雨林的咖啡豆采收后加以烘烤，添加甘蔗原料与香草以朗姆酒为基酒酿制而成，该酒呈诱人的深咖啡色。浓郁的、富有层次感的咖啡香味伴随着淡淡的酒香，口感悠长、丰富、柔滑，十分宜人，适合搭配各种美食。甘露咖啡利口酒的味道柔合，加以香草、朗姆所呈现的墨西哥异国风韵，能够和多重饮品随意调和。甘露可以调制超过220种鸡尾酒。

图10.19　甘露咖啡利口酒

2. 帝萨诺芳津杏仁利口酒（Disaronno Original Liqueur）

帝萨诺产于意大利萨隆诺镇，是意大利酒商雷纳家族（Reina）把这种酒的配方挖掘出来，取名为"Disaronno"并世代流传下来（图10.20）。帝萨诺含有较高的酒精度（28%）和糖分（来自酿造过程的甜化处理），因此也是一种流行的餐后酒。在歌剧《鲁吉纳》中，就有这样一段歌词："亲爱的侯爵夫人，请拿出您的水晶酒杯，来一品甜美的利口酒，礼貌地结束这场舞会。"和1525年的那段浪漫的爱情一样，被称为"小爱神"的帝萨诺更是恋人们的"最爱"。

选用最优质的天然原料，用17种精选的药物精华和水果浸泡于杏仁油中，以优质白兰地提炼而成，这一独特配方自1525年以来沿用至今。芳香馥郁的蒂萨诺是多种鸡尾酒的首选配方，它能够令人心旷神怡，激发想象。

色泽呈优雅的琥珀色。香味是飘逸着浓郁的杏仁芳香，还有丰富的焦糖、蜜饯和奶油的香气。口感呈现杏仁味、较甜。清新爽口，回味无穷。

图10.20　帝萨诺芳津杏仁利口酒

（三）香草类利口酒

1. 加利安奴利口酒（Galliano L'Autentico Liqueur）

加利安奴是一种味甜的草本利口酒，始于1896年的意大利，目前由荷兰酿酒集团波尔斯持有，并通过其全球分销合资企业Maxxium销售。加利安奴的酒瓶形状独特，让人联想到经典的罗马柱，其曾在旧金山世界烈酒大赛中赢得铜牌和银牌（图10.21）。

加利安奴含有大量的天然成分，包括香草、八角、地中海茴香、生姜、柑橘，桧木、麝香、锯叶草和薰衣草。先将除了香草外的所有草药加入酒精混合搅拌碾碎；蒸馏后加入碾碎的香草；最后，再次兑入蒸馏水、精糖和纯中性酒精。

图10.21　加利安奴利口酒

除了经典的味道，加利安奴还有其他几种风味，包括Galliano Ristretto（咖啡味）、Galliano Vanilla（香草味）、Galliano Balsamico（香醋味，在酒液中加入香醋）。

2. 当酒（Benedictine D.O.M Liqueur）

法国当酒，简称D.O.M，也有称之为泵酒（图10.22）。当酒的养生功效是确凿无疑的，能够促进血液循环、强化身体机能、消除疲劳、健胃、补肾滋阴、舒筋活血等，同时还具有养颜美容的功效，适合大多数人，尤其适合于妇女产后恢复体力，是一种健康补酒。其制法大概是以柠檬皮、小豆蔻、牛膝草、白苦艾、薄荷、百里香、肉桂、肉豆蔻、丁香、山金车等各种药味香料腌制而成，酒精度40%。

酒体的琥珀色泽中透着淡绿色。鼻感前置复杂，有浓郁的水果和香料气息，还有苜蓿、甘草与蜂蜜、奶油和橙子的味道协调。味觉上有草药、香料与蜂蜜融合的和谐感，味蕾有些刺激身体的复杂感。

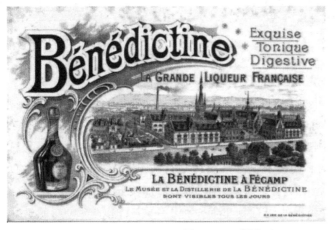

图10.22　当酒

3. 杜林标（Drambuie）

杜林标产于英国，是一种用草药、威士忌和蜂蜜配制成的利口酒（图10.23）。此酒根据古传秘方制造。据说，杜林标利口酒可追溯到酿造蜂蜜酒的盖尔特人和掌握蒸馏技艺的北爱尔兰僧侣，当时他们定居在苏格兰高地。杜林标酒的名称"Drambuie"也来自盖尔特人的克特语"Dram Buidheach"，意思是"一种满意的饮料"。秘方是由查理·爱德华王子的一位法国随从在1745年带到苏格兰的，因此在该酒商标上印有"Prince Charles Edward Stuart's Liqueur"字样。常用于餐后酒或兑水饮用。

4. 修道院酒（Chartreuse）

修道院酒也叫查特酒、荨麻酒（图10.24）。修道院酒是法国修士发明的一种驰名世界的配制酒，目前仍然由法国Isère（依赛）地区的卡尔特教团大修道院所生产。修道院酒的秘方至今仍掌握在教士们的手中，从不披露。经分析表明：该酒用葡萄蒸馏酒为酒基，浸制130余种阿尔卑斯山区的草药，其中有虎耳草、风铃草、龙胆草等，再配兑以蜂蜜等原料，成酒需陈酿3年以上，有的长达12年之久。

修道院酒中最有名的叫修道院绿酒（Chartreuse verte），酒度55%左右；其次是修道院黄酒（Chartreuse jaune），酒度40%左右；陈酿绿酒（V.E.P.verte），酒度54%左右；陈酿黄酒（V.E.P.jaune），酒度42%左右；驰酒（Elixir），酒度71%左右。

124

图10.23　杜林标　　　　　　　　　　　　　　图10.24　修道院酒

5. 野格利口酒（Jagermeister）

野格利口酒产自德国小镇沃芬巴图，在欧美早已是红透半边天的著名酒吧饮品。它的原料取自德国独有的自然环境，特别的中草药配方让野格成为一种安全的，并具有适度刺激身体功能的酒吧饮品。作为植物利口酒的一种，野格有56种来自不同国家的植物、调味品和水果调制而成。比如说肉桂来自斯里兰卡，生姜来自南部亚洲，当然还包括了一些不公开的植物成分。各种不同的添加剂按照不同的比例研磨配制，然后在浓度大约是70%的酒和水的混合物里面浸泡2—3天，让植物里面的香味和颜色都充分进入液体里面，这个过程要进行多次，大约要持续5个月，直到所有香味和颜色都进入野格的基础成分里面,然后在橡木桶里面经过一年的窖藏。最后,这种基础成分要和酒、液体糖浆、焦糖、软水进行最后的调制,然后才制成了这种浓度为35%的植物利口酒(图10.25)。

（四）乳脂类利口酒

1. 百利甜酒(Baileys The Original Irish Cream Liqueur)

百利甜酒产自爱尔兰,畅销167个国家(图10.26)。当你想晒晒温暖的阳光,或是与闺蜜小聚时,一杯百利甜酒必不可少。丝滑的酒香、奶香与咖啡交融,轻啜一口慢慢品味,绝对是一种曼妙的味觉体验。这是百利甜酒所特有的香醇,值得细细品味。

最纯正的调法就是加入冰块,冰和酒相互整合交织,啜一口,就让人情不自禁地爱上。

百利甜酒仅使用爱尔兰牧场的爱尔兰牛奶。由新鲜的原料所制成的百利甜酒,吞饮入喉之后是香醇浓厚、顺而不腻,那股华丽而多层次的饱和口感,隐约透着淡渺的醉意,让人仿佛置身于爱尔兰的清新微风中般,在简单之中呈现奢华的幸福,心底感到无比的恬适着迷。

2. 蛋黄利口酒(Advocaat Liqueur)

蛋黄利口酒集蛋黄、酒香、糖、白兰地及香草精华,是香腴浓郁的乳状酒,入口倍觉幼滑香浓(图10.27)。

     图10.25　野格利口酒

图10.26　百利甜酒

图10.27　蛋黄利口酒

3. 可可乳酒(Crème De Cacao)

可可乳酒主要产于西印度群岛,它的原料是可可豆种子。制酒时,将可可豆经烘焙粉碎后浸入酒精中,取一部分直接蒸馏提取酒液,然后将这两部分酒液勾兑,再加入香草和糖浆制成(图10.28)。

4. 黑加仑酒(Crème De Cassis)

黑加仑酒(图10.29),产于法国第戎(Dijon)一带,酒呈深红色,乳状,果香优雅,口味甘润。维生素C的含量十分丰富,是利口酒中最富营养的饮品。酒度在20%—30%。

图 10.28　可可乳酒

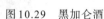

图 10.29　黑加仑酒

5. 薄荷乳酒（Crème De Menthe）

　　酒体按色泽可分为绿色、透明无色，口感清凉。一般以白兰地为酒基，加上薄荷树油，富含多种助消化的成分。GET27 葫芦绿薄荷酒，是享誉全球的薄荷烈酒，是 Jean 和 Pierre Get 两兄弟在 1796 年研制而成的，他们发现在酒中加入不同的薄荷，口感清爽、强劲、甘甜爽口，配以特立独行的绿色透明葫芦瓶身，享誉全国，畅销世界 100 多个国家（图 10.30）。

图 10.30　薄荷乳酒

五、利口酒品饮

利口酒多用于餐后饮用,以助消化。标准用量25毫升,用利口酒杯或雪梨杯品饮。因利口酒的酿制原料不同,酒品的饮用温度和方法也有差异。一般来说,水果类利口酒,果味越浓、甜度越大、香气越烈,其饮用温度越低。低温处理时,可采用溜杯、加冰块或冷藏等方法。香草类利口酒,如味美思、君度和当酒等宜冰镇饮用。当酒作溜杯处理时,君度用冰块降温,酒瓶置于冰块中,所有乳酒加冰霜效果更佳。

饮用方式通常有以下四种。

(1)常温法。选用纯度高的利口酒,倒在专用杯里细细品。

(2)兑饮法。加苏打水或矿泉水。不论哪种甜酒,喝前先将酒倒入平底杯中,其量约为杯子容量的60%,再加满苏打水即可;或可添加一些柠檬汁,以半个柠檬量较合适,在上面可再加碎冰。

(3)碎冰法。先做碎冰,即用布将冰块包起,用锤子敲碎,然后将碎冰倒入鸡尾酒杯或葡萄酒杯内,再倒入甜酒。

(4)其他。可将利口酒加在冰激凌或果冻上饮用。做蛋糕时,还可用它来代替蜂蜜使用。

第三部分

鸡尾酒调制实例

第十一章 以白兰地为基酒的鸡尾酒调制

一、白兰地亚历山大（Brandy Alexander）

用杯：浅碟形香槟杯或鸡尾酒杯

原料：白兰地　　　　　1盎司

　　　淡奶油　　　　　1盎司

　　　蛋白　　　　　　1个

　　　可可利口酒　　　1盎司

调法：摇匀法

装饰：豆蔻粉

典故：为了纪念爱与幸福——白兰地亚历山大。

1863年，为了祝贺英国爱德华七世与丹麦公主亚历山德拉（Alexandra）的婚礼，调酒师创制了这款鸡尾酒，并以皇后名字的谐音"Alexander"为酒命名。这款酒混合了白兰地、可可利口酒和奶油，甜美浓醇，仿佛向世界宣告他们爱情的甜蜜与婚姻的幸福……

亚历山德拉公主擅长舞蹈、滑雪、骑马和狩猎，堪称那个时代的时尚领袖。白兰地亚历山大口感顺滑，有着巧克力和奶油的高贵和甜美，又有着白兰地的清冽，就像亚历山德拉公主一样，非常女性化，柔美中见风骨。

图11.1　白兰地亚历山大

二、旁车（双轮马车）（Sidecar）

图11.2 旁车

载杯：鸡尾酒杯

原料：白兰地　　　　2盎司

　　　君度　　　　　1盎司

　　　柠檬汁　　　　1盎司

调法：摇混法

装饰：柠檬片

典故：这是一个有趣的故事。1931年的一个晚上，当时亨利（Harry）正在巴黎的亨利酒吧调制一种新的鸡尾酒，一辆双轮马车停到了他的酒吧正门，因此他就用此作为这款鸡尾酒的名字。

另一个说法是，丽兹大饭店的创始人丽兹（Ritz）认为，这款鸡尾酒是由他们饭店的Cambon酒吧工作的弗兰克·梅耶尔（Frank Meier）在1923年首次调制而出。

三、蛋诺酒（Egg Nog）

载杯：海波杯

原料：白兰地　　　　1盎司

　　　鲜奶　　　　　半杯

　　　鸡蛋　　　　　1个

　　　砂糖　　　　　1茶匙

　　　豆蔻粉　　　　适量

调法：摇匀法

装饰：豆蔻粉

图11.3 蛋诺酒

典故：这款酒在美国通常称为"鸡蛋酒"，是美国南部的圣诞饮料，是圣诞大餐的传统主角之一。配方中使用了鸡蛋，营养价值高，是一款可以消除疲劳的鸡尾酒。

蛋诺酒起源于15世纪的英格兰，叫作Posset，也称牛乳酒。一般以威士忌或白兰地打底，再加入鲜奶、蔗糖、鸡蛋和肉豆蔻等配料，摇匀起泡，奶味和酒味混合，十分浓郁香醇。在中世纪时期，牛乳酒在治疗感冒方面很受欢迎，地位相当于中国的板蓝根，不仅能治病还能预防。

四、白兰地宾治（Brandy Punch）

载杯：古典杯或海波杯

原料：白兰地　　　　2盎司

　　　柠檬汁　　　　1茶匙

　　　菠萝汁　　　　1茶匙

　　　酸橙汁　　　　10滴

　　　砂糖　　　　　1茶匙

　　　朗姆酒　　　　10滴

　　　苏打水　　　　适量

　　　菠萝碎片、柠檬片、葡萄若干

调法：将碎冰加入杯至半满，量入酒、果汁、糖、水果碎片后搅匀，将苏打水加至杯满。

装饰：用菠萝片、叶作装饰。

典故：宾治是鸡尾酒的一种，以葡萄酒、烈性酒为基酒，加入各种甜露酒、果汁、水果等制成。

图11.4　白兰地宾治

Punch据说是梵语"五个"之意，源于印度人的语言。它是在印度是用亚力酒、水、柠檬汁、香料等5种材料混合而成，后经英国人传至欧美各国。宾治酒变化多端，具有浓、淡、香、甜、冷、热、滋养等特点。

五、新鲜绿茶（Fresh Green Tea）

图11.5　新鲜绿茶

载杯：海波杯

原料：白兰地　　　　1.5盎司

　　　蜂蜜糖浆　　　0.5盎司

　　　青柠汁　　　　0.5盎司

　　　绿茶　　　　　5盎司

调法：调和法

装饰：新鲜绿茶

说明：突出白兰地的香气和清新花香，灵感来源于亚洲的鸡尾酒。

六、白兰地干姜特饮（Brandy and Ginger）

载杯：海波杯

原料：干邑白兰地   1.5盎司

       青柠汁   0.5盎司

       糖浆   0.25盎司

       姜汁汽水   八分满

调法：摇混法

装饰：薄荷叶、姜片

图11.6　白兰地干姜特饮

七、漂浮牙买加（Floating Jamaica）

载杯：柯林斯杯

原料：干邑白兰地   1.5盎司

       黑加仑子甜酒   0.5盎司

       洛神花茶   3盎司

       安格斯特图拉苦精 3滴

调法：摇混法

装饰：柠檬角和菠萝叶

图11.7　漂浮牙买加

八、法式莫吉托（French Mogito）

载杯：海波杯

原料：干邑白兰地　　　　1.5盎司

　　　青柠汁　　　　　　0.5盎司

　　　冰镇茉莉花茶　　　3盎司

　　　红糖　　　　　　　一茶匙

　　　汽水　　　　　　　八分满

调法：摇混法

装饰：薄荷叶和青柠角

图11.8　法式莫吉托

第十二章 以威士忌为基酒的鸡尾酒调制

一、经典威士忌酸（Classic Whiskey Sour）

图12.1　经典威士忌酸
（图片由杭州柏悦酒店提供）

载杯：香槟杯或酸酒杯

原料：波本威士忌　　　　2盎司

　　　柠檬汁　　　　　　0.75盎司

　　　单糖浆　　　　　　0.75盎司

　　　蛋白　　　　　　　0.5个

制作：摇混法

装饰：迷迭香

典故：长达一个多世纪以来，威士忌酸一直在美国鸡尾酒历史中占有不可取代的地位——它不仅有数不清的拥趸，而且至今仍在为新生代的各式鸡尾酒提供灵感。说到威士忌酸，最流行的版本依旧是最简单的酸酒三部曲——威士忌＋糖＋酸。但是在此基础上，有所变化，就成了另外的版本。比如加蛋白，就成了经典威士忌酸（波士顿酸）；加入菲奈特·布兰卡苦味酒（Fernet Branca），就是Sam Ross创造的"午夜小蜜蜂"（Midnight Stinger）；把基酒替换成黑麦威士忌＋阿玛罗（Luxardo Amaro Abano），就是Leo Robitschek创作的Mott and Mulberry；使用秋桃甜酒（Pêche de Vigne），就成为"山民"（Mountain Man）；使用PX甜雪莉（PX Sherry）就是"贝蒂卡特"（Betty Carter）；使用蜂蜜生姜糖浆就是盘尼西林（Penicillin）。

二、爱尔兰咖啡（Irish Coffee）

载杯：爱尔兰咖啡杯

原料：爱尔兰威士忌　　　1盎司

　　　咖啡　　　　　　　10盎司

奶油　　　　　　　适量

冰糖或咖啡糖　　　1盎司

调法：（1）先做好浓香型的咖啡基底10盎司。

（2）将1盎司威士忌、一小咖啡匙的糖加入爱尔兰咖啡杯中的第一条线并进行烤杯。

（3）用火把酒点燃，使酒香散发出来。

（4）把咖啡注入杯中至第二条线。

（5）喷一层奶油在咖啡表面，一杯爱尔兰咖啡便完成了。

典故：爱尔兰咖啡于1940年由Joseph Sheridan首次调制而成，是由热咖啡、爱尔兰威士忌、奶油和糖混合搅拌而成。爱尔兰咖啡来源于一个凄美的爱情故事。爱尔兰都柏林的一位调酒师，对旧金山飞过来的空姐一见钟情，但是她每次到酒吧却只是点一杯咖啡，从未点过鸡尾酒，而调酒师希望为她特调

图12.2　爱尔兰咖啡

一杯酒。他觉得这个女孩就像一杯威士忌，于是便将威士忌与咖啡调制到一起，取名爱尔兰咖啡，并加到酒单里。很久之后，女孩终于看到了这一款咖啡，从爱尔兰咖啡被研究出来到被点到，花了太久的时间，调酒师因为抑制不住激动的心情而流下了眼泪，他希望让女孩知道这种爱与思念发酵的味道。女孩也爱上了爱尔兰咖啡的独特口味，每次在都柏林着陆都去点一杯。

三、非凡曼哈顿（Extraordinary Manhattan）

图12.3　非凡曼哈顿

载杯：古典杯

原料：威士忌　　　　　　　1.5盎司

　　　甜味美思　　　　　　0.5盎司

　　　金万利　　　　　　　0.5盎司

　　　安哥斯图拉苦精　　　2滴

调法：调和法

装饰：3颗酒酿小红莓或小黑莓

典故：此酒被誉为"鸡尾酒女王"，从19世纪中叶开始陆续被世界各地的人们饮用。使用威士忌作为基酒，大多选用以黑麦为原料的威士忌，也可选用加拿大威士忌、波本威士忌、混合威士忌和田纳西威士忌，通常会使用调和法。一般可分为干曼哈顿、中性曼哈顿和甜曼哈顿。19世纪70年代早期，温斯顿·丘

吉尔（Winston Churchill）的母亲——珍妮·伦道夫·丘吉尔夫人（Jennie Randolph Churchill）为美国总统候选人Samuel J. Tilden举办宴会，地点选择了纽约市曼哈顿俱乐部（Manhattan Club），伊恩·马歇尔博士（Dr. Iain Marshall）特别为此调制而成。宴会的成功迅速让这款酒走红，其名字随即参考了发源地曼哈顿俱乐部的名称。

四、教父（The God Father）

载杯：古典杯

原料：苏格兰威士忌　　　　1.5盎司

　　　杏仁利口酒　　　　　0.5盎司

调法：调和法

装饰：圆冰球

典故：教父因美国知名影片《教父》得名，因为该电影的主演马龙白兰度非常喜欢该酒。教父鸡尾酒既有威士忌的馥郁芳香，又有杏仁利口酒的浓厚味道。两者在冰的调节下达到了一个平衡点，入口苦涩，回味微甜。

五、罗伯罗伊（Rob Roy）

载杯：香槟杯

原料：苏格兰威士忌　　　　1.5盎司

　　　干味美思　　　　　　0.5盎司

　　　安哥斯图拉苦精　　　3滴

图12.4　教父　　　　　　　　　　图12.5　罗伯罗伊
（图片由杭州柏悦酒店提供）

调法：摇混法

装饰：柠檬皮

典故：罗伯罗伊于1894年由纽约华尔道夫酒店（Waldorf Astoria Hotel）的调酒师发明。在创作鸡尾酒的这个晚上，由作曲家Reginald De Koven和作词家Harry B.Smith合作的歌剧 *Rob Roy* 正好在附近剧院首演，而这出歌剧正是为了纪念一位罗宾汉（Robin Hood）式的苏格兰侠盗Rob Roy Macgregor。罗伯罗伊是曼哈顿的一个变种，两者配方都是威士忌、味美思和苦精，差别在于曼哈顿用的是美国特产的波本威士忌，而罗伯罗伊用的是苏格兰威士忌。波本威士忌因为玉米含量高，且使用新橡木桶来储存，所以有较高的糖分，且带香草、太妃糖风味；而苏格兰威士忌则以麦芽为主，并且带有特色的泥煤味。所以，曼哈顿有充足的甜味修饰，而用苏格兰威士忌的罗伯罗伊的口感则更显粗犷了。在威士忌中添加苦精，能为威士忌增添更加浓厚的口感。所以说，一杯罗伯罗伊鸡尾酒，不仅带出了威士忌特有的风味，还让味道的层次变得更加深邃。

六、古典（Old Fashioned）

载杯：古典杯

原料：威士忌　　　1.5盎司

　　　白糖　　　　1吧匙

　　　苦精　　　　4滴

调法：调和法

装饰：橙皮

典故：古典的调酒配方已经有超过100年的历史，在19世纪末期时美国肯塔基州路易斯维尔市的一个酒吧里问世，为当地赛马迷专门调制。此款鸡尾酒当时所用的威士忌是一种产于当地的名称为"古老的1776年"的波本酒。所以，这种鸡尾酒便被叫作古典鸡尾酒。调制一杯完美的古典需要搅拌冰块至少10分钟，一杯威士忌配一个橘皮，冰球和浓郁回甜的威士忌缠绕在一起，酒香慢慢释放。橙汁、青柠角汁挤压在酒中，威士忌开始弥漫水果的清香。冰块慢慢融化，从而将威士忌中的橙味及蜂蜜味逐渐释放出来。古典就是这样一款矛盾又迷人的鸡尾酒。它是强烈的，但不是太强烈；它是甜蜜的，却又不太甜。重要的是，它非常简单，又绝对美味。味道绵长，非常有后劲，如搭配肉桂，味道会更加具有层次感。

图12.6　古典

第十二章　以威士忌为基酒的鸡尾酒调制

139

七、百万富翁(Millionaire)

用杯:鸡尾酒杯

原料:波本威士忌　　　1.5 盎司

　　　橙皮利口酒　　　0.5 盎司

　　　石榴糖浆　　　　1/6 茶匙

　　　蛋清　　　　　　1 个

调法:摇混法

装饰:柠檬扭条

特点:百万富翁是一种以波本威士忌为基酒的鸡尾酒。这种酒有很多变种配方,但不变的是要用到橙皮利口酒、蛋清和石榴糖浆。如果把基酒换成金酒并加入菠萝汁,那么就是一杯叫作百万美元(Million Dollar)的鸡尾酒。由于蛋白较难与其他材料混合,所以在调制这款酒时,一定要充分摇混。从调酒器中滤酒时,要倒得彻底。因为这款酒需要酒面上浮些泡沫,因此泡沫往往在最后才能倒出。

八、大吉岭冷饮(Dajiling Cold Drink)

载杯:古典杯

原料:苏格兰威士忌　　2 盎司

　　　冰大吉岭红茶　　0.5 盎司

　　　石楠花蜜　　　　0.75 盎司

图12.7　百万富翁　　　　　图12.8　大吉岭冷饮

调法：调和法

装饰：以一朵白花或樱桃类水果装饰

特点：威士忌和茶是非常好的搭配，威士忌的花香可以和红茶、蜂蜜完美地结合，成就这款优雅、香甜、清新的饮品。

九、山里人（Mountain People）

载杯：海波杯

原料：威士忌　　　　2盎司

　　　果茶　　　　　八分满

调法：调和法

装饰：一片柠檬或一朵小花

特点：香甜滋润，生津止渴。

十、威士忌库勒（Whisky Cooler）

载杯：库勒杯

原料：威士忌酒　　　　　1盎司

　　　冰镇苏打水　　　　八分满

调制方法：调和法

装饰：柠檬皮

特点：开胃提神，是流行的餐前饮料。

图12.9　山里人　　　　　图12.10　威士忌库勒

第十二章　以威士忌为基酒的鸡尾酒调制

十一、晨光（Morning Glory）

载杯：威士忌杯

原料：泥煤威士忌　　　25毫升

　　　菊花金酒　　　　15毫升

　　　青柠檬汁　　　　15毫升

　　　茴香糖油　　　　10毫升

　　　蛋清　　　　　　10毫升

调法：摇混法

装饰：茴香

特点：此款鸡尾酒选用苏格兰的波夏艾拉岛陈年威士忌及菊花风味植物学家金酒作为基酒，混合了自制茴香糖浆、新鲜柠檬汁及少量蛋清。威士忌厚重的泥煤味及茴香比较突出，还有来自青柠活泼的果酸，犹如黑夜之后的清晨，满是生机与欢乐因子。

图12.11　晨光

第十三章 以金酒为基酒的鸡尾酒调制

一、干马天尼（Dry Martini）

载杯：鸡尾酒杯

原料：金酒　　　　　2盎司

　　　干味美思　　　0.5盎司

制作方法：摇混法

装饰：水橄榄

典故：有人说："鸡尾酒自马天尼开始，又以马天尼告终。"1979年，美国出版过一本书——《马天尼鸡尾酒大全》，里面介绍的马天尼调法就有268种之多。在007系列电影中，詹姆斯·邦德只要出现在酒吧，最爱喝的就是干马天尼。"A dry martini, shaken, not stirred！（一杯干马天尼，摇匀，不要搅拌）"这一句是007电影中邦德的经典佳句。马天尼并不是只有一两个配方调法，它是一个包罗万象的种类。标准典型的马天尼，金酒与味美思的比例通常是4：1，即4份金酒，1份味美思。以哥顿金酒作为基酒，加柠檬皮，不加冰，搅拌，这是其最经典的调法。干马天尼没有太多味道掺杂，放一条柠檬片，用来增加香气，也起到装饰作用。如果加水橄榄，则是其他配方。

图13.1　干马天尼
（图片由杭州柏悦酒店提供）

二、金汤力（Gin & Tonic）

载杯：海波杯

原料：金酒　　　　　1量杯

图13.2　金汤力

汤力水　　　　八分满

装饰：柠檬皮、青瓜片

特点：长饮，餐前，低度标鸡尾酒

典故：18世纪、19世纪疟疾在印度半岛上肆虐，当时人们发现奎宁可以预防和治疗这个可怕的疾病。然而，奎宁味道极苦涩，为了改善口感，发明了奎宁兑水再加上糖、青柠檬和金酒一起喝下的服药方法。这一酸甜中略带苦涩、后味又露出丝丝辛辣的药方，一下子俘获了众人的心。最后，它的简化版——奎宁兑苏打水（也就是汤力水）加金酒再配上青柠檬的配方广泛流传开来，并演化成为今天的金汤力。如今的汤力水已经不再用来治病，味道中少了苦涩，多了甜意。装在杯里的金汤力脱胎换骨，清新美好。

三、红粉佳人（Pink Lady）

载杯：鸡尾酒杯

原料：金酒　　　　　　1.5盎司

　　　君度　　　　　　0.75盎司

　　　鲜奶　　　　　　0.5盎司

　　　鲜鸡蛋清　　　　1/2只

　　　石榴糖浆　　　　适量

制作方法：摇混法

装饰：一颗红樱桃

图13.3　红粉佳人

典故：最早的"红粉佳人"，也就是传统配方，只有金酒、柠檬汁、蛋清和石榴糖浆四种原料。后来，因为调酒师们的大胆创意，加入了君度和牛奶。为何偏偏加入这两种原料呢？很多调酒师们的反复试验得出的结论是：君度酒的香橙味和味觉上的甜苦味既可以为这款酒增加香气和味道，同时还可以缓和蛋清的腥味。牛奶则是为了调和"红粉佳人"的色泽，使整杯酒看起来给人以粉红的朦胧美；再有就是改善调和酒的口感，加入了纯滑的牛奶后酒的口味变得更纯正绵柔。"红粉佳人"正如其名字一样，诱人的颜色和柔和酸甜的口感给人诱惑、让人陶醉。其因美丽的颜色和适合于大多数女性的口味，倍受女性青睐。

四、新加坡司令（Singapore Sling）

用杯：14盎司哥连士杯

原料：金酒　　　　　　　　1.5盎司

　　　樱桃味白兰地　　　　1盎司

　　　莱姆汁　　　　　　　1盎司

　　　红石榴汁　　　　　　1茶匙

　　　苏打水　　　　　　　八分满

调法：摇混法

装饰：莱姆片、樱桃

典故：新加坡司令鸡尾酒诞生于著名的莱佛士酒店，这座酒店被西方人士称为"充满异国情调的东方神秘之地"。新加坡司令是由华裔原籍海南岛的严崇文（Ngiam Tong Boon）调酒师于1910—1915年发明，当时他是新加坡莱佛士酒店的员工。他应顾客要求改良金汤力酒的配方，调出了一种口感酸甜的酒，后来一炮而红。不过原创的酒谱已经消失，现今莱佛士酒店的新加坡司令酒谱是老调酒师依照记忆还原出来的。所谓的"Sling"，指的是一种传统的、流传于美国的混合饮料，一般由烈酒、水和糖冲调而成。而Sling也被巧妙地按谐音被翻译为"司令"。香甜口味和适中的口感是这款酒的最大特色。由于大量的糖分参与了这款酒，它的酒精刺激感难以被察觉。

五、螺丝锥子（Gimlet）

载杯：古典杯

图13.4　新加坡司令

图13.5　螺丝锥子

原料：金酒　　　　　　　　50毫升
　　　浓缩柠檬汁　　　　　15毫升
调法：调和法
装饰：青柠皮
典故：这是一款简单清爽的鸡尾酒，这酒也叫手钻、螺丝钻等。这款鸡尾酒因为私家侦探菲利普·马罗的一句台词"喝螺丝锥子现在还太早了点"一举成为世界著名的鸡尾酒。

六、鸟语花香（Tanqueray & Songbird）

图13.6　鸟语花香

载杯：雪利杯
原料：添加利10号金酒　　　1盎司
　　　荔枝汁　　　　　　　1盎司
　　　橙汁　　　　　　　　1盎司
　　　柠檬汁　　　　　　　0.5盎司
调法：摇混法
装饰：灯笼果
特点：使用新鲜的西柚、青柠和橘子这三种水果所制成的添加利10号金酒，其丰富的果香无可取代，调和了荔枝汁、橙汁和柠檬汁，使得这款鸡尾酒果香浓郁、口感清新。颜色明艳动人，装饰用的灯笼果，好像张开翅脉的小鸟，整款酒造型仿佛在春天的树林里，充满鸟语花香。

七、金菲士（Gin Fizz）

载杯：香槟杯
原料：金酒　　　　　　　　0.5盎司
　　　蓝色气泡酒　　　　　八分满
调法：调和法
装饰：苹果片
特点：口感顺滑活泼，非常适合女士饮用。传统的金菲士是以金酒为基酒，加入鲜榨柠檬汁，最后加入苏打水的鸡尾酒。因为加入苏打水时，其中的碳酸气会逸出而发出"吱吱"声而得名。金菲士酒既富有柠檬汁的酸味又兼有苏打水的清爽，是非常著名的菲士鸡尾酒之一。此款是创新金菲士。

八、奇异果迷醉（Kiwi Spritz）

载杯：香槟杯

原料：金酒　　　　　1盎司

　　　猕猴桃汁　　　　1盎司

　　　柠檬汁　　　　　0.5盎司

　　　香槟　　　　　　八分满

调法：调和法

装饰：青柠扭皮

特点：这款酒是由一款叫Bro-Tellre的鸡尾酒演变而来的，给人带来难得糊涂的感觉，有些迷乱，记忆瞬间都变成了碎片。香槟细腻的气泡在口中不断升华。这酒没有用甜腻的东西来中和柠檬酸的侵略性，取而代之的是金酒的巧妙运用和猕猴桃汁的配比，让这款酒朴实而又不失复杂性。

图13.7　金菲士　　　　　　　　图13.8　奇异果迷醉

九、吉普森（Gibson）

载杯：鸡尾酒杯

原料：金酒　　　　　1.5盎司

　　　干味美思　　　0.5盎司

装饰：柠檬扭皮

特点：吉普森酒度高，口感辛辣，加冰摇至壶壁结霜，滤入事先冰过的鸡尾酒杯，以柠檬扭皮入杯装饰。这款鸡尾酒味道很甜，淡淡的水果味环绕在口中，颜色漂亮，不过女生可别因为它的迷人而多贪几杯，酒性很烈，小心醉倒。

十、尼格罗尼（Negroni）

载杯：古典杯

原料：金酒　　　　　1盎司

　　　金巴利酒　　　　1盎司

　　　甜味美思　　　　1盎司

装饰：柑橘片

特点：尼格罗尼鸡尾酒很容易制作，只需将 1/3 的金巴利酒、1/3 的金酒和 1/3 的甜味美思三种成分混合，再加入冰块调好即可。当然一般少不了垂入一片柑橘片，尝起来更是口感清新。

图13.9　吉普森　　　　　　　　　图13.10　尼格罗尼

第十四章 以伏特加为基酒的鸡尾酒调制

一、梦幻大都会（Cosmopolitan）

载杯：鸡尾酒杯

原料：伏特加　　　　2盎司

　　　君度酒　　　　0.5盎司

　　　蔓越莓汁　　　1盎司

　　　青柠汁　　　　0.5盎司

调法：摇混法

装饰：柠檬扭条

典故：大都会鸡尾酒口感酸甜，适合女士饮用，属于马天尼系列。起源于1987年，由约翰·凯恩从俄亥俄州传播到旧金山各地。是20世纪美国鸡尾酒大奖赛的冠军作品，并在电视剧《欲望都市》中出现，是女主角最喜欢的鸡尾酒。

图14.1　梦幻大都会

二、血腥玛丽（Bloody Mary）

载杯：古典杯

原料：伏特加　　　　2盎司

　　　番茄汁　　　　4盎司

　　　柠檬汁　　　　0.5盎司

　　　黑胡椒粉　　　少许

　　　盐　　　　　　少许

　　　辣椒油　　　　少许

图14.2　血腥玛丽

| 嘁汁 | 少许 |

调法：摇匀法

装饰：芹菜杆、青柠角

典故：血腥玛丽由伏特加、番茄汁、柠檬片、芹菜根混合而制成，鲜红的番茄汁看起来很像鲜血，故而以此得名。血腥玛丽的原型为玛丽一世，她成长于欧洲宗教改革的汹涌大潮之中。她的母亲凯瑟琳是一位笃信天主教的西班牙公主，而她的父亲亨利八世为了达到与她母亲离婚的目的，不惜背叛天主教，与罗马教皇决裂，并在国内扶持新教，迫害天主教徒。也许由于上述的成长过程，也许源于她本人古板、固执的性格，她成为一个死硬的天主教徒，并对新教有着刻骨的仇恨。登上王位后，她立即宣布恢复天主教，并对新教徒采取了高压政策，屠杀其中的激进分子，在她统治的5年中，有300余人被烧死在火刑柱上，而被迫流亡国外的新教徒则不计其数。她终于以其暴行获得了英国人民对其"血腥玛丽"的称谓。她病死时，据说整个伦敦响起了欢庆的钟声，即位的就是她的妹妹、后来成为一代明君的伊丽莎白一世。

三、螺丝钻（Screw Driver）

载杯：古典杯

| 原料：伏特加 | 1盎司 |
| 鲜橙汁 | 4盎司 |

调法：调和法

装饰：橙皮

典故：一般认为，螺丝钻鸡尾酒的名称是来自Gimlet，这个词的另一个意思是"小手钻"，因为酸橙汁在早期是装在封闭的木桶里的，倒出酸橙汁时需要用小螺丝钻在木桶上开个小口，所以螺丝钻和这种鸡尾酒之间有一定的关系。这是一款世界著名的鸡尾酒，四季均宜饮用，酒性温和、气味芬芳，能提神健胃，颇受各界人士欢迎。

图14.3　螺丝钻

四、莫斯科骡子（Moscow Mule）

载杯：古典杯

原料：伏特加   2盎司

      新鲜的柠檬汁   0.5盎司

      姜汁啤酒或干姜水   八分满

调法：调和法

装饰：青柠角、青柠皮、迷迭香

典故：关于莫斯科骡子的起源，有两种说法。其一是：斯米诺夫公司负责美国市场总经理Rudolph Kunett 和他的两个小伙伴想要尝试一下几盎司的伏特加、姜汁啤酒和挤压的柠檬汁结合会发生什么。几天后，这种混合物得名"莫斯科骡子"。其二是：摩根的首席调酒师Wes Price 为了清理库存，将滞销的斯米诺夫伏特加和姜汁啤酒混合在一起。不管起源如何，莫斯科骡子在夏天是一款十分简单又粗暴的解暑鸡尾酒，让你喝完之后真的有一种"被骡子踢了的感觉"。

图14.4　莫斯科骡子

五、黑色俄罗斯（Black Russian）

载杯：古典杯

原料：伏特加   1.5盎司

      KAHLUA咖啡利口酒   0.5盎司

调法：调和法

装饰：柠檬角、柠檬皮

特点：这种鸡尾酒散发出高雅的香气，酒精浓度虽高，但却容易入口。

典故：在第二次世界大战后，掀起鸡尾酒的热潮，"俄罗斯"鸡尾酒非常受欢迎。后来，又逐渐兴起了这款"黑色俄罗斯"。它的口感略带一些咖啡的味道，酒精度数可以自由控制，所以酒量小的人也能够开怀畅饮。

图14.5　黑色俄罗斯

（图片由杭州柏悦酒店提供）

六、咸狗（Salty Dog）

载杯：岩石杯

原料：伏特加　　　　　2盎司

　　　葡萄柚汁　　　　3盎司

调法：调和法

装饰：盐边，橙皮

典故：这是一款以伏特加为基酒，加入砂糖、柠檬片、西柚汁（葡萄柚汁）等辅料制作而成的鸡尾酒，是一款面向海事工作者的鸡尾酒。柚汁的酸和盐的咸使得伏特加的酒香更加浓郁。

七、夏夜柔情（The Warm Summer Night）

载杯：鸡尾酒杯

原料：伏特加酒　　　　1.25盎司

　　　蓝色柑桂酒　　　0.5盎司

　　　青柠汁　　　　　0.5盎司

　　　白糖浆　　　　　0.5盎司

调法：摇混法

装饰：绿樱桃或兰花

特点：粉蓝色的酒液仿佛是湖泊，边上可放上兰花，送来阵阵幽香，让人有胸怀涤荡、劳累尽消的感受。

图14.6　咸狗　　　　　　　　　　图14.7　夏夜柔情

八、桃花落（The Peach Drop）

载杯：马提尼杯

原料：伏特加　　　　2盎司

　　　红莓汁　　　　2盎司

　　　菠萝汁　　　　2盎司

调法：摇混法

装饰：青柠片

特点：桃花落，春意却正浓。此款鸡尾酒以伏特加为基酒，与红莓汁、菠萝汁和柠檬搭配，整款鸡尾酒色泽艳丽、果香浓郁、口感香甜，如灼灼状桃花之鲜，充满了女生俏皮可爱的情怀。

九、罗勒手钻（Basil Gimlet）

载杯：古典杯

原料：伏特加　　　　2盎司

　　　青柠汁　　　　1盎司

　　　蜂蜜液（1∶1的蜂蜜和水）　0.75盎司

调法：摇混法

装饰：罗勒叶

特点：此款酒的基酒选用了具有烈焰般刺激的伏特加，青柠汁和蜂蜜的混合使其拥有浓郁的果味，口味酸甜，最后用罗勒叶作装饰，充满清新的感觉。

图14.8　桃花落　　　　　　　图14.9　罗勒手钻

第十五章 以朗姆酒为基酒的鸡尾酒调制

一、莫吉托（Mojito）

载杯：鸡尾酒杯

原料：
金色朗姆酒	2盎司
干味美思	1盎司
苦精	10滴
糖	1茶匙
苏打水	八分满

装饰：青柠和薄荷

调法：将上述原料在调酒杯中调和，滤入鸡尾酒杯，用青柠和薄荷作装饰。

第一步，把青柠汁、薄荷叶和糖浆放进杯中。

第二步，把4—6片薄荷叶弄碎和1茶匙砂糖放在杯中。

图15.1 莫吉托

第三步，搅拌使砂糖溶化。将半个青柠去皮拧成螺旋形放入杯中。冰块打碎倒入杯中约3/4杯。

第四步，量金色朗姆酒2盎司倒入，充分搅拌至酒杯外面挂霜。

第五步，装饰薄荷叶加青柠一片，插入吸管。置于杯垫上。

典故：莫吉托是最有名的朗姆调酒之一，起源于古巴。这款鸡尾酒融合了薄荷的清凉、青柠的鲜酸、蔗糖的甜美和白朗姆酒的甘冽，再与苏打水和冰块碰撞出冰爽口感，绝对是夏日最怡人的清新冰饮。莫吉托诞生于古巴革命时期的浪漫旧时代，据说是一种海盗饮品。美国传奇作家海明威在古巴生活时，时常光顾哈瓦那的一家酒吧 La Bodeguita del Medio，并点上一杯莫吉托。2020年6月，周杰伦的新歌以 *Mojito* 命名，整首歌充满了浓浓的古巴风格。

二、自由古巴（Cuba Libre）

用杯：海波杯

原料：朗姆酒　　　　　　2盎司

　　　可口可乐　　　　　 1听

调法：调和法

装饰：青柠片或柠檬片

典故：多年前，古巴人为了独立而组织革命军对抗西班牙殖民者。革命军内部流行着一种"朗姆酒＋咖啡＋蜂蜜＋白酒"的混合饮料，有酒的芬芳，却不醉人，还能提神，古巴人将这种独一无二的鸡尾酒命名为"自由古巴"。西班牙战败后，美国接管了原来西班牙在古巴的一切特权，并派军驻扎。那时美国政府正在实行禁酒令，但驻古巴的美军仍然饮酒成风。有一天，一名美军中尉在酒吧点了一瓶百加得朗姆酒，忽然瞥见另外几个军官都只是在喝当时只有十多年历史的可口可乐。为了掩盖朗姆酒的颜色，他又要了一份可乐，兑到自己的酒里。谁知兑出的饮料竟然味道奇佳，于是其他人纷纷效仿。一个古巴人尝了一口说道："这不是'自由古巴'吗？"这名中尉无意中调成的酒竟然与革命军中流传的饮料一个味道，但可乐的价钱无疑比咖啡、蜂蜜便宜得多，于是后来古巴人调制"自由古巴"，也改用刚刚风行开来的可乐为原料了。

图15.2　自由古巴
（图片由杭州柏悦酒店提供）

三、美态（Mai Tai）

用杯：古典杯

原料：淡质朗姆酒　　　　　　1.5盎司

　　　浓香朗姆酒　　　　　　1/3盎司

　　　君度或香橙甜酒　　　　0.5盎司

　　　柠檬汁　　　　　　　　2盎司

　　　杏仁糖浆或石榴糖浆　　0.25盎司

调法：摇混法

装饰：以带枝樱桃和菠萝片装饰

特点：美态是一款全球知名的鸡尾酒，也是热带鸡尾酒的代表。先将朗姆酒、橙香甜

Ji Wei Jiu De Tiao Zhi Yu Jian Shang

酒、杏仁糖浆、柠檬汁混合在一起，再加入冰块，就成为一款绝佳的夏日鸡尾酒。1944年，在加利福尼亚奥克兰的Trader Vic餐厅，餐厅创始人Victor Bergeron为了款待两名来自大溪地的朋友，即兴用朗姆酒、橙香甜酒、杏仁糖浆（取自杏仁）调出了这款酒。一个朋友在享受这一舌尖盛宴的时候不禁喊道"maita'iro'a 'ae"（意为极好的），这一鸡尾酒也由此得名。

四、僵尸（Zombie）

载杯：柯林斯杯

原料：深色朗姆酒   2盎司

       白色朗姆酒   2盎司

       朗姆酒   1盎司

       君度酒   1盎司

       潘诺酒   1茶匙

       鲜青柠汁   1盎司

       鲜柳橙汁   1盎司

       西柚汁   1盎司

       红石榴糖浆   1大匙

       杏仁糖浆   1大匙

调法：摇混法

装饰：带叶薄荷嫩梢、凤梨带皮切片、樱桃、伞签。

图15.3　美态

图15.4　僵尸

典故：僵尸是朗姆酒类鸡尾酒，又叫作头骨穿孔（skull-puncher），最早出现于美国20世纪30年代末，由好莱坞Don the Beachcomber餐厅的Donn Beach发明，在1939年的纽约世界博览会传播开来。关于这款鸡尾酒有个有趣的故事。1934年某一天的下午，美国商人Donn Beach的一位好友要离开洛杉矶，临行前Donn Beach邀请他在餐厅吃饭并特意调制一款鸡尾酒给他品尝。谁知因味道独特，Donn的这位好友喝得酩酊大醉，最后被抬着送上了飞机。后来朋友告知Donn Beach说他在飞机上感觉自己已经变成"Zombie（僵尸）"，僵尸鸡尾酒就由此得名。僵尸由三种朗姆酒混合而成，还加入新鲜果汁，甜味中略带苦涩，有果香的口感，非常适合搭配坚果或奶酪。

五、得其利（Daiquiri）

载杯：鸡尾酒杯

原料：淡朗姆酒　　　　1.5盎司

　　　新鲜青柠檬汁　　0.5盎司

　　　单糖浆　　　　　0.25盎司

　　　水　　　　　　　0.1盎司

调法：摇混法

装饰：糖边、青柠片

图15.5　得其利

典故："My Mojito in La Bodeguita.My Daiquiri in El Floridita.（我的莫吉托在五分钱小酒馆，我的得其利在小佛罗里达）"这是海明威写下的名句，这位作家最爱的是两款脍炙人口的鸡尾酒：莫吉托和得其利。

得其利得名于距离古巴圣地亚哥市约22千米处一个矿山旁小村落的名字。酷热的圣地亚哥，加上繁重的体力劳动，使辛勤的矿工们常常热得汗流浃背，大量流失体内水分。于是他们把冰块敲碎成小块，塞进随身携带的水壶，挤入新鲜的青柠檬汁，再加入朗姆酒饮用，这便是得其利鸡尾酒的最初形态。柠檬带有维生素、铁、钙、磷等元素，能保持人体正常的生理机能。朗姆酒由甘蔗酿制，糖分能为脑组织功能、人体的肌肉活动等提供能量。加上适量的酒精，它能帮辛劳的矿工们迅速解渴并补充能量，所以很快地便在矿山工人间流行起来。

得其利鸡尾酒的流行热潮从圣地亚哥一路在古巴流行开来，在哈瓦那市一家名为EL Floridita的酒吧，新上任的调酒师Constantino Ribalaigua对得其利的原始配方作出了修改。在青柠檬和朗姆酒当中加入糖浆，使其酸甜度更加平衡，同时将一个青柠檬角搁在杯边，让喜欢更多酸味的顾客用以调整平衡度。得其利堪称朗姆酒同果汁融合的典范：青柠汁配上白朗姆酒，然后加入砂糖调和，再配以草莓或柠檬作为装饰，尝起来酸甜可口，可用来增进食欲，帮助消化。

六、卡萨布兰卡(Casablanca)

载杯：鸡尾酒杯

原料：金黄色朗姆酒　　　　2盎司

　　　苦精　　　　　　　　3—4滴

　　　莱姆汁　　　　　　　1/4盎司

　　　橙皮利口酒　　　　　1/4盎司

　　　白樱桃利口　　　　　1/4盎司

调法：摇混法

装饰：柠檬扭条。

典故：假如你对这个鸡尾酒的第一印象是那部著名的电影，那么它的潜台词可能是："为什么我这么幸运，会遇上你？"如果你知道有一种叫作卡萨布兰卡的百合花，那它的花语是"永不磨灭的爱情"；如果你的联想范围仅仅到它是个城市名字，那么至少它"蓝天白云、风和日丽"。漂浮在上层的柠檬油脂香是这款酒的点睛之处。

七、椰林飘香(Pina Colada)

载杯：暴风杯

原料：马利宝朗姆酒　　　　1盎司

　　　白朗姆酒　　　　　　3盎司

　　　椰浆　　　　　　　　3盎司

图15.6　卡萨布兰卡　　　　　图15.7　椰林飘香

新鲜菠萝粒　　　　　少许

菠萝汁　　　　　　　6盎司

调法：电动搅拌法

装饰：菠萝块、樱桃等

典故：椰林飘香由朗姆酒、椰浆和菠萝汁为原料制成，再配上一块菠萝或一颗樱桃作为点缀，在起到画龙点睛作用的同时让你尽享热带风情。由于它的酒精含量较低，因此一般也不易喝醉。椰林飘香诞生在美国迈阿密，从20世纪80年代的鸡尾酒复兴时代流行至今。浓厚的椰奶与清爽的菠萝汁裹和着朗姆酒，一笔笔勾勒出海滨城市的风景。

八、马利宝（Malibu Coco-Cooler）

载杯：海波杯

原料：马利宝朗姆酒　　　1盎司

　　　安格斯图拉苦精　　　几滴

　　　新鲜柠檬　　　　　半个（切碎）

　　　可乐　　　　　　　八分满

调法：调和法

装饰：柠檬角

特点：此款酒的基酒为马利宝朗姆酒，是用水果酒、朗姆酒和风味椰子调配的，口感甜润、芬芳馥郁。这种鸡尾酒适宜暑热季节饮用，口感清爽的青柠汁配上甜润的朗姆酒，喝起来口味更加舒畅。可乐与冰块结合，口感独特。最后加入安格斯图拉苦精，有森林般的凉爽之感。这款酒口感清爽，夏日午后，能使人疲劳顿消。

图15.8　马利宝
（图片由杭州柏悦酒店提供）

九、马利宝菠萝（Malibu Pineapple）

载杯：古典杯

原料：马利宝　　　　　1份

　　　菠萝汁　　　　　3份

　　　鲜菠萝　　　　　1份

调法：调和法

装饰：一片新鲜菠萝

特点：这款酒的基酒选用的是马利宝椰汁朗姆酒，加入菠萝汁增加清爽的口感，用酒的香气刺激味蕾，也消除些许饮品的甜腻感，浓浓的椰香和菠萝带来夏天的冰爽惬意。加入捣成球状的碎冰助兴，增加酒的口感，最后放上新鲜菠萝作为装饰，带来夏日的感觉。这款酒口感纯净清新。

十、蓝色夏威夷（Blue Hawaii）

载杯：浅碟形鸡尾酒杯
原料：淡色朗姆酒　　　1盎司
　　　蓝香橙酒　　　　0.5盎司
　　　菠萝汁　　　　　1盎司
　　　柠檬汁　　　　　0.5盎司
　　　红樱桃　　　　　一枚
调法：摇匀法
装饰：红樱桃、鲜花和伞签
特点：这款鸡尾酒是以朗姆酒为基酒，配以蓝橙力娇酒、菠萝汁、柠檬汁等辅料制作而成的一款鸡尾酒。其中，蓝橙酒代表蓝色的海洋，塞满酒杯中的碎冰象征着泛起的浪花，而酒杯里散发的果汁甜味犹如夏威夷的微风细语。

图15.9　马利宝菠萝

图15.10　蓝色夏威夷

第十六章 以特基拉为基酒的鸡尾酒调制

一、蓝色玛格丽特（Blue Margarite）

用杯：玛格丽特杯

原料：特基拉　　　2盎司

　　　蓝香橙　　　0.5盎司

　　　青柠汁　　　0.25盎司

　　　细盐　　　　少许

　　　青柠　　　　1片

调法：摇匀法

装饰：盐边、青柠片

典故：蓝色玛格丽特，这是一款多情的酒，有一个凄美的爱情故事。穷苦的调酒师爱上了富家小姐，几经努力，纯洁的爱情终被祝福。就在抱得美人归时，小伙子误伤了姑娘，这位叫玛格丽特的女子死在了爱人的怀抱。它的创作者是洛杉矶的简·杜雷萨，玛格丽特是他已故恋人的名字。他用墨西哥的

图16.1　蓝色玛格丽特

国酒特基拉为鸡尾酒的基酒，用柠檬汁的酸味代表心中的酸楚，用盐霜意喻怀念的泪水。玛格丽特被称作"鸡尾酒之后"，它是除马天尼以外世界上知名度最高的传统鸡尾酒之一。除了我们平时最常见的标准玛格丽特外，还有二十几种调制方法，其中以各种水果风味的玛格丽特和各种其他颜色的玛格丽特居多。

二、特基拉日出（Tequila Sunrise）

载杯：葡萄酒杯

原料：特基拉　　　1.5盎司

　　　莱姆汁　　　0.5盎司

　　　橙汁　　　　4盎司

Ji Wei Jiu De Tiao Zhi Yu Jian Shang

石榴糖浆	0.5盎司
橙子片	1片

调法：摇混法

装饰：柠檬片和红樱桃

典故：特基拉日出是由特基拉酒加大量鲜橙汁佐以红糖水调制而成，辅以橙角或者红车厘子装饰，高身的香槟杯会赋予它优雅的气质。这是一款夏季特饮，色彩艳丽鲜明，由黄逐步到红，像日出时天空的颜色，又像少女的热情清纯的阳光气息。这款鸡尾酒的名字与依古路斯所作的乐曲名相同。当年滚石乐队在1972年的美洲巡回演出中饮用了这款鸡尾酒，使得这款鸡尾酒在美国盛行开来。寓意在生长着星星点点的龙舌兰，但又荒凉到极点的墨西哥平原上，正升起鲜红的太阳，阳光把墨西哥平原照耀得一片灿烂。特基拉日出中浓烈的特基拉香味容易使人想起墨西哥的朝霞。

三、长岛冰茶（Long Island Iced Tea）

载杯：海波杯

原料：金酒	0.5盎司
伏特加	0.5盎司
白朗姆酒	0.5盎司
特基拉酒	0.5盎司
白柑桂酒	0.5盎司
柠檬汁	1盎司

图16.2　特基拉日出　　　　　图16.3　长岛冰茶
（图片由杭州柏悦酒店提供）

糖水　　　　　0.3 盎司

可乐　　　　　八分满

调法：摇混法

装饰：樱桃、柠檬或小雨伞饰

典故：1972 年来自纽约长岛橡树滩酒馆的调酒师鲍勃·巴特参加了一场鸡尾酒调配大赛，比赛规则要使用橙皮甜酒，他把手边能够拿到的烈酒一起倒进了调酒罐，然后又加入可乐，无意间创造了这一新品种的鸡尾酒。用酒吧当地的名字长岛和看起来像茶的缘由，把它命为"长岛冰茶"。

四、特基拉炮（Tequila Bom Bom）

用杯：古典杯

原料：特基拉　　　　　1.5 盎司

　　　冰镇苏打水　　　　1/3 杯

调法：将上述原料量入酒杯内，用一种特制的纸巾盖严杯口，然后用力摇动，使酒迅速起泡沫，有些酒吧称这种酒为摔酒。此酒用顷刻间调完，并趁有泡沫时一饮而尽。

装饰：青柠片

特点：这款酒给人强烈而又清爽的干练之感。

五、薄荷特基拉（Mint Tequila）

载杯：海波杯

原料：特基拉　　　　　1 盎司

图 16.4　特基拉炮

图 16.5　薄荷特基拉

柠檬汁	0.5盎司
绿色薄荷酒	0.75盎司
苏打水	八分满

调法：摇混法

装饰：柠檬片、薄荷叶

特点：将绿色薄荷酒和特基拉摇匀加入装满冰的杯中，补满新鲜柠檬汁，用柠檬片作装饰。炎炎夏日，人们需要用清凉和酸甜的感官感受从夏日城市的压抑苦闷中解脱出来，从城市来到明媚清凉的海岛，饮上这么一杯绿色又那么清爽的酒，感受夏日应有的风情与格调。

六、霓虹（Neon）

图16.6 霓虹

载杯：海波杯

原料：特基拉酒	1.25盎司
波士白橙皮	1盎司
鲜榨橙汁	2盎司
蔓越莓汁	2盎司

调法：调和法

装饰：橙皮、迷迭香

特点：日月交替，当日落西山，霓虹灯使世界变得五彩缤纷，黑夜也不再漫长，这是创作这杯鸡尾酒的灵感。白天，人们是忙碌的，霓虹灯亮起的时候，很多人的工作也便告一段落，来一杯霓虹，希望能让你放松一天的疲惫，做个霓虹般的美梦。

七、特基拉血红玛丽（Tequila Broody Mary）

载杯：果汁杯

原料：特基拉	1.5盎司
番茄汁	3盎司
辣酱油	若干

调法：摇混法

装饰：柠檬角、迷迭香

特点：用特基拉做的血腥玛丽。你以为番茄汁只能搭配伏特加吗？错了，特基拉和它也很配。

八、特基拉尼格罗尼(Tequila Negroni)

载杯：小鸟杯

原料：特基拉　　　　　1盎司

　　　金巴利　　　　　1盎司

　　　甜红味美思　　　1盎司

调法：调和法

特点：这款酒如其名字一样，是特基拉版的尼格罗尼。酒精度偏高，用来放松心情、释放压力的效果非常好。比如公司聚会时，饮一杯特基拉尼格罗尼，彻底放松自己，与同事们一起"嗨"起来。

图16.7　特基拉血红玛丽　　　　图16.8　特基拉尼格罗尼

九、特基拉菠萝汁(Tequila Pineapple)

载杯：海波杯

原料：特基拉　　　　　2盎司

　　　菠萝汁　　　　　3盎司

　　　苏打水　　　　　八分满

调法：调和法

装饰：菠萝片

特点：在炎炎夏日，人们内心充满了浮躁，需要有一点清凉能让自己平静下来，这便是创作这杯鸡尾酒的灵感。夏日清凉正是炎热的夏天所需要的，菠萝汁的酸甜清爽，让这杯鸡尾酒口感更佳。希望这杯鸡尾酒能让你在这个夏天暂时忘记炎热，享受清凉。

十、芳华（Youth）

载杯：高脚鸡尾酒杯

原料：龙舌兰　　　　　　　　35毫升

　　　新鲜火龙果汁　　　　　40毫升

　　　菊花百香果糖油　　　　15毫升

　　　牛奶　　　　　　　　　25毫升

调法：摇混法

装饰：三色堇

特点：芳华，优雅女人的情怀，沉淀的往事造就优雅气质，这杯鸡尾酒在诉说着难忘的过往。此鸡尾酒以龙舌兰作为基酒，混合了新鲜的火龙果汁、菊花百香果糖水和少许的牛奶，适中的酒精度，口感温和顺滑，水果味突出，是一款非常适合女性饮用的鸡尾酒。

图16.9　特基拉菠萝汁

图16.10　芳华

第十七章 以配制酒为基酒的鸡尾酒调制

一、白马天尼汤力水（Bianco Tonnic）

载杯：海波杯

原料：马天尼白威末酒　　　　1.75盎司

　　　汤力水　　　　　　　　八分满

调法：调和法

装饰：3片青柠

特点：把马天尼白威末酒倒入加冰块的杯中，补满汤力水，再放入几片青柠装饰即可。白马天尼本身添加了30多种草药，有自身特有的香气，添加汤力水后，简单，但却是一杯极具清新感的饮料。

二、马天尼味美思（Martini Vermouth）

载杯：球形高脚杯

　　图17.1　白马天尼汤力水　　　图17.2　马天尼味美思

原料：马天尼白味美思酒　　　　1盎司

　　　　马天尼红味美思酒　　　　1盎司

　　　　鲜榨青柠汁　　　　　　　0.5盎司

调法：摇混法

装饰：青柠和薄荷

特点：马天尼散发淡淡的香草味，并伴有芳香的水果味。加上冰块和青柠汁，让一切充满活力。

三、Trini四维索（Trini Swizzle）

图17.3　Trini四维索

载杯：海波杯

原料：接骨木花甜酒　　　　　　1盎司

　　　　玫瑰起泡酒　　　　　　　2.5盎司

　　　　柠檬汁　　　　　　　　　0.75盎司

　　　　安哥斯图拉苦精　　　　　3滴

调法：在酒杯中加入糖浆和薄荷，轻轻挤压出汁液。填入碎冰，然后添加接骨木花甜酒和苦味酒。搅拌均匀，浇上一些玫瑰起泡酒。

装饰：西柚角

特点：这种鸡尾酒通常被称为"百慕大的国酒"，是百慕大各地酒吧和餐馆的明星，通常混合了不同的柑橘类果汁、香料和苦味酒。为了制作这种饮料，他们使用了当地可用的朗姆酒，这是高斯林朗姆酒，并将其与巴巴多斯朗姆酒混合，这两种朗姆酒在当地比较受欢迎。在20世纪30年代，岛上可用的库存相当有限，所以他们尽可能地使用橙汁、菠萝汁、一些柠檬汁和falernum（一种含姜、酸橙、杏仁和香料的甜利口酒）。

四、B-52轰炸机（B-52 Bomber）

载杯：烈酒杯

原料：甘露咖啡利口酒　　　　　1/3

　　　　百利甜酒　　　　　　　　1/3

　　　　伏特加　　　　　　　　　1/3

调法：直接兑入法

装饰：燃焰

特点：B-52是鸡尾酒中喝法比较独特的一种，要配上短吸管、餐巾纸和打火机。

把酒点燃，用吸管一口气喝完，然后你就能体验到先冷后热那种冰火两重天的感觉。那种感觉，只有试过才知道。用吸管适用于女士，较刺激的喝法是一口喝下，喝的时候注意尽量避免碰到杯口引起烫伤。

五、甘露特浓马天尼（Kahlua Martini）

载杯：鸡尾酒杯
原料：甘露咖啡利口酒　　　1盎司
　　　伏特加　　　　　　　1盎司
　　　特浓咖啡　　　　　　0.5盎司
调法：摇混法
装饰：巧克力扭条
特点：将所有的材料倒入鸡尾酒搅拌器，加入冰块后用力摇动，最后倒入一个冰镇过的马天尼杯。这种鸡尾酒散发出高雅的香气，酒精浓度虽高，但却容易入口。咖啡利口酒本身带有咖啡的味道，再加入特浓咖啡、混合巧克力，增加了此款鸡尾酒强烈的口感。

图17.4　B-52轰炸机　　　　　图17.5　甘露特浓马天尼
（图片由杭州柏悦酒店提供）

六、百利拿铁（Bally Latte）

载杯：带柄玻璃杯
原料：百利甜酒　　　　　1盎司
　　　拿铁咖啡　　　　　八分满

调法：调和法

装饰：碎巧克力

特点：如丝滑般的柔顺，芳香醇厚。

七、金万利＆干姜汽水（Grand Marnier & Ginger）

载杯：海波杯

原料：金万利　　　　　1.5盎司

　　　干姜汽水　　　　八分满

调法：调和法

装饰：青柠角

特点：金万利，又称柑蔓怡，香柑的曼妙，怡人的好滋味。它将罕有的加勒比海野生柑橘的精粹，与名贵的法国陈年干邑完美调配结合，温润香醇，浓郁丝滑。调入干姜水，使这款鸡尾酒清新爽口，姜味突出。

图17.6　百利拿铁　　　　　　图17.7　金万利＆干姜汽水

八、帝萨诺橙汁（Desano & Orange Juice）

载杯：平底杯

原料：帝萨诺利口酒　　　　1盎司

　　　橙汁　　　　　　　　3盎司

调法：摇混法

装饰：一片橙皮、樱桃

特点：帝萨诺利口酒融合了17种以上药物精华和水果的成分酿造而成，散发着杏仁的香味和奶油的香气，加入橙汁，喝完之后会带给人一种心旷神怡、激发想象的感觉。

九、金巴利西柚汁（Campari Grapefuit）

载杯：古典杯

原料：金巴利酒　　　　1盎司

　　　西柚汁　　　　　3盎司

调法：调和法

装饰：一片西柚

特点：金巴利西柚汁组合是一种负负得正的体验。苦味和另一种不同的苦味交合在一起会产生一种让人着迷的味觉体验。

图17.8　帝萨诺橙汁
（图片由杭州柏悦酒店提供）

图17.9　金巴利西柚汁
（图片由杭州柏悦酒店提供）

十、当酒＆葡萄柚（Benedictine & Grapefruit）

载杯：海波杯

原料：当酒　　　　　　2盎司

　　　葡萄柚汁　　　　八分满

装饰：葡萄柚角

调法：调和法

装饰：青柠片

特点：纯饮当酒时味蕾有些刺激透出酒体的复杂感，调入冰块和葡萄柚，淡化了草香味，增加了酸苦味，余味回甘，是养颜美容、消除疲劳的一款鸡尾酒。

十一、国王路易（King Louis）

载杯：烈酒杯

原料：绿香蕉利口酒　　　　0.5 盎司

　　　棕可可利口酒　　　　0.5 盎司

　　　白朗姆酒　　　　　　0.5 盎司

调法：直接兑入法

特点：这是一款根据基酒密度不同而调制的一款彩虹酒。法国是以路易为名的国王最多，每一个国王都有不同的特质，就如这款彩虹酒中不同的基酒，看你如何感受。

图 17.10　当酒 & 葡萄柚

图 17.11　国王路易

十二、玉女（Jade Girl）

载杯：鸡尾酒杯

原料：金酒　　　　　　　　1 盎司

蓝橙利口酒	1盎司
波士蛋黄利口酒	1盎司
鲜榨橙汁	0.5盎司

调法：摇混法

特点：蓝橙和波士蛋黄利口酒以及橙汁的调配使酒的颜色变成了青翠色，是一种脱胎换骨的感觉，犹如青春期少女成长的突变，给人美好清新的感觉。

图17.12　玉女

第十七章　以配制酒为基酒的鸡尾酒调制

鸡尾酒创新优秀作品鉴赏

一、鸡尾酒名称：暗香（Aromafragrance）

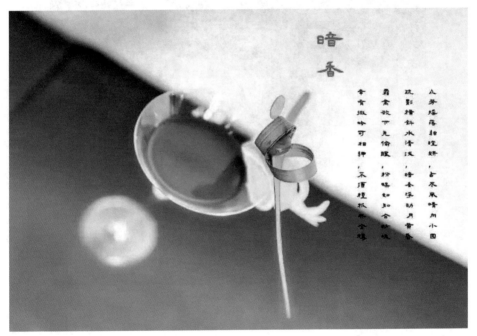

暗香

众芳摇落独暄妍，占尽风情向小园。
疏影横斜水清浅，暗香浮动月黄昏。
霜禽欲下先偷眼，粉蝶如知合断魂。
幸有微吟可相狎，不须檀板共金樽。

图18.1　暗香

（一）主题创意说明

此款酒将杜林标酒和青柠汁柔和结合在一起，让红葡萄酒漂浮在酒液的上方，悠然浮沉中衬托出浓郁的果香味，恰是暗合了林和靖先生在《山园小梅》中提到的"疏影横斜水清浅，暗香浮动月黄昏"的意境。鸡尾酒名"暗香"由此而来。

（二）作品点评

本款酒选取了独特的中国诗词中的意境，采用了杜林标酒、君度橙酒、青柠汁、红葡萄酒四种原料的有机结合，造型流畅，色彩清新，选用的装饰品为橙角、红樱桃、芫草环相呼应，更好地展示其主题。

Ji Wei Jiu De Tiao Zhi Yu Jian Shang

第四部分　鸡尾酒创新优秀作品鉴赏

此作品获得2015年杭州市饭店技能大赛（调酒项目）一等奖。

供稿单位：浙江杭州世贸君澜大饭店

指导教师：连浩

二、鸡尾酒名称：桃花醉（Peach Blossom Drunk）

图18.2　桃花醉

（一）主题创意说明

"杨柳岸，小桥伴，轻舟泛，碧波滟。素手牵，青丝绾，越女和，桃花醉。"此款酒名为桃花醉，以春风十里的桃花为主题，通过通透玻璃杯中雅致可爱的醉粉色渐变至清丽的润白色，映衬出江南秀丽的春光。

（二）作品点评

此酒采用伏特加、桃花风味糖浆等原料调制而成，并选用了自制的矿泉水＋椰奶气泡水注满，表现出醉在江南的梦中，艳在对饮的酒里的意境，口感醇厚，设计新颖。

此作品获得2017年浙江省饭店技能（调酒项目）大赛金奖。

供稿单位：杭州开元名都大酒店

指导教师：潘兴送

三、鸡尾酒名称：西子翠（Xizi Green）

图18.3　西子翠

（一）主题创意说明

"一池西湖碧水，一抹山色云影。"此款鸡尾酒名为西子翠，绵延不绝的山峰倒影在西子湖中，翠影婆娑的画面里，带给你酸甜凉爽的口感，仿佛一池西湖山水就荡漾在这杯鸡尾酒中。

（二）作品点评

此款鸡尾酒采用哥顿金酒、君度利口酒、绿薄荷利口酒及浓缩柠檬汁少许，加上自制的气泡水现场注入，用一片薄荷叶进行了装饰，简约的风格，再加上微酸微甜的一丝清凉感觉，展现一款具有典型江南特色的酒品。

此作品获得2019年杭州市饭店技能大赛（调酒项目）金奖。

供稿单位：杭州开元名都大酒店

指导教师：潘兴送

四、鸡尾酒名称：芳华（Youth）

（一）主题创意说明

此款创意鸡尾酒取自冯小刚同名电影《芳华》，它的主色调是以苹果利口酒和猕猴桃汁渲染出的清新芳草绿。寓意在激情燃烧的岁月里追忆一代人的青春理想与成

图18.4　芳华

长,不仅是对懵懂青春的美丽承载,也是对未来世界的美好期待。因为年轻,所以勇于追逐;因为年轻,所以美好;因为年轻,所以绚烂。

（二）作品点评

此款作品取自电影《芳华》的故事,选用了苹果利口酒、君度利口酒、猕猴桃汁、柠檬汁等,装饰品选用了灯笼果,口感清新怡人、回味隽永,品饮过后,感悟深远。

此作品获得2019年杭州市饭店技能大赛（调酒项目）金奖。

供稿单位:杭州海外海皇冠大酒店

指导教师:夏冬琴

五、鸡尾酒名称:桂满秋念（Full of Cassias Autumn Recitation）

（一）主题创意说明

此款鸡尾酒取材于辛弃疾的《青玉案》,以芬芳清新的柠檬草味的金酒作为基酒,浓浓的桂花糖浆让人愈觉唇齿留香,少许蛋清赋予酒液细小的泡沫,更为酒液入口增添了些许绵柔。把这杯酒拟作桂花树,零零碎碎的桂花馨香似溢。正犹如词中提及的"东风夜放花千树,更吹落,星如雨"的意境,故此款鸡尾酒命名为"桂满秋念"。

（二）作品点评

本款酒的创作思路来自金秋十月杭州之美景,选用的材料为金酒、柠檬汁、百香果、桂花糖浆、鸡蛋清,色彩呈现出金黄色,与当季自然景观非常吻合,选用的装饰品为杭州市花——桂花,更好地展示其主题。

图18.5　桂满秋念

此作品获得2019年杭州市饭店技能大赛（调酒项目）银奖。

供稿单位：浙江杭州世贸君澜大饭店

指导教师：连浩

六、鸡尾酒名称：世外（Land of Idyllic Beauty）

图18.6　世外

（一）主题创意说明

城市中的人们，忙碌而压抑，心中向往"世外桃源"，这便是创作这杯鸡尾酒的灵感：Another World — a Nature World，表现出了世外桃源般的意境，特别融入了杭州的元素，希望这杯"世外"，能让你暂时忘却城市的喧嚣，把你带入杭州世外桃源般的生活中。

（二）作品点评

此款酒的基酒选用了"植物学家金酒"，这是非常独特的酒，是通过22种手工采集的艾拉岛当地植物为原料蒸馏萃取的金酒，充满了大自然的香气。创作者的特别之处在于，将传统的杭白菊与植物学家金酒相结合，使得酒味更具杭州味道。额外加入了新鲜百香果、红柚、菠萝和慢煮的菊花糖浆，让整款鸡尾酒口感如万花齐放，果香浓郁，设计感强，口感独特。

此款酒为西湖国宾馆红吧2019年度最受欢迎的网红饮品之一。

供稿单位：杭州西湖国宾馆

指导教师：马雅君

七、鸡尾酒名称：前行者（Forerunner）

图18.7 前行者

（一）主题创意说明

此款酒想要献给一直努力拼搏的男士，选用了产自苏格兰的波夏艾莱岛陈年威士忌作为基酒，这款基酒自带特有的泥煤味，象征着成熟男士所特有的气质。就像是一直在努力拼搏的前行者，就算还未成功，也会时常在某处留下拼搏过的印记，即如这燃烧后的肉桂,始终留有余香。

（二）作品点评

选题寓意独特,采用了威士忌、少许鸡蛋液和自制肉桂糖水。为了缓和厚重的泥煤口感,加入了自制的肉桂糖水和柠檬汁,复合了它们彼此的香气,让原本厚重的泥煤味威士忌瞬间变得更有层次感,象征着成熟男士在拼搏的道路上永不言弃。装饰物是肉桂棒,设计简约但寓意深远,口感厚重,是一款适合男人的独特鸡尾酒。

此款酒为西湖国宾馆红吧2019年度最受欢迎的网红饮品之一。

供稿单位：杭州西湖国宾馆

指导教师：马雅君

八、鸡尾酒名称：烈焰（Flame）

图18.8　烈焰

（一）主题创意说明

基酒用中国白酒,代表中国力量,用柠檬橙汁和红石榴糖浆代表烈焰,通过杯中烈焰红心,表现出生命的旺盛,绽放出不息的力量。这是一种精神、一股力量,抛弃黑暗,追求光明,象征着生命的顽强不屈。

（二）作品点评

此款酒以红橙为主色系,加上了君度、柠檬、红石榴糖浆、甜橙汁等,基酒采用了中国白酒,体现一种中国元素,寓意鲜明。尤其是载杯的选择非常独特,心形杯子与主题寓意非常契合,其装饰品选用了糖艺及果蔬彩椒,更显灵气。

Ji Wei Jiu De Tiao Zhi Yu Jian Shang

此款酒为浙江西子国宾馆2019年度最受欢迎的网红饮品之一。

供稿单位：浙江西子宾馆

指导教师：俞琦虹

九、鸡尾酒名称：若我归来（I Will Be Back）

图18.9　若我归来

（一）主题创意说明

此款酒献给所有在武汉拼搏抗疫的医务人员。选用了"净香型"新派白酒，体现了新一代年轻人的激情，白酒自带的辣味和清新的莳萝相结合，表现出武汉人民别具一格的热情。绿色的酒液代表着万物复苏，期盼着武汉早日重启归来。

（二）作品点评

基酒用的中国新香型白酒代表了中国力量，白酒中会带出武汉人喜欢的辣，调酒中还会用到绿色天然的辛香料，新鲜水果带来爽口的甜蜜，酒体呈绿色，象征着万物复苏。

此款鸡尾酒为潮酒吧特调武汉特色鸡尾酒。

供稿单位：杭州柏悦酒店

指导教师：陈嵩

十、鸡尾酒名称：江南（Jiangnan）

（一）主题创意说明

金秋时节的杭城桂花飘香，这款鸡尾酒选用了最能体现江南风情的桂花，来完美展现杭州的风韵。结合意大利开胃酒Aperol所带来的微微苦味，搭配菠萝的果香味，使其口感更为丰富，更具芳香。

（二）作品点评

灵感来源于经典的意大利餐前鸡尾酒Aperol Spritz。由两种不同香气和酒体的开胃酒调制而成，融合杭州金秋桂花的香甜，带有菠萝给予的复合香气和果味，让这款鸡尾酒酒体轻盈、酸甜平衡。

此款鸡尾酒为潮酒吧招牌鸡尾酒。

供稿单位：杭州柏悦酒店

指导教师：陈嵩

图18.10　江南

图18.11　柴韵

（一）主题创意说明

一炉柴火三杯酒，因古时候人们的炉边酒而获得灵感。选用了波本威士忌，有醇厚的橡木桶以及谷物的芳香，加入武夷岩茶使其更有中国特色。后使用肉桂燃烧所产生的烟雾熏香，象征着具有烟火气的温馨生活。

（二）作品点评

使用波本威士忌为基底，将武夷岩茶和威士忌结合，茶之味中又融合些许橡木桶的芬芳与草本带来后味。利用烟熏的技术，使整杯酒充满了柴韵。

此款鸡尾酒为潮酒吧隐藏菜单。

供稿单位：杭州柏悦酒店

指导教师：陈嵩

十二、鸡尾酒名称：萃杭州（Hangzhou Collection）

（一）主题创意说明

我深深地热爱着杭州，

一直想寻觅一种味道来形容杭州。

我想，

图18.12 萃杭州

那是一春的西湖龙井；

那是一秋的满陇桂雨；

那也是一夏的暖风熏得游人醉；

那也是一冬的湖心亭围炉煮酒。

也有人说杭州是一座浪漫的城市，

希望这杯"杭州"，能让你感受到杭州的温暖与柔情，让你从心底爱上杭州。

（二）作品点评

用桂花米酒和龙井茶作基底，混合柠檬汁和白糖浆，用桂花和鲜茶叶作装饰。桂花酿的甜美和龙井茶的清香融合在一起，柠檬和白糖浆调和柔化了两者的口感。"龙井茶，虎跑水"天下一绝，桂花是百药之长，用桂花酿制的酒能够达到福寿延绵的功效。这款鸡尾酒融合了杭州从春到秋的味道，带来了杭州夏日的暖风和冬日的温情，这就是萃杭州的味道。

供稿单位：浙江树人大学

指导老师：袁薇

十三、无酒精鸡尾酒名称：生活的AB面（AB Side of Life）

（一）主题创意说明

生活中的A面和B面总是交杂在一起。你想要生活带给你的A面，那你也要接受它的B面。就如这款茶咖调饮，它给你带来既不同又融合的味道。

（二）作品点评

原材料取于茶咖手冲茶，由于头冲与二冲的口感不同，不需加其他材料，也可以做双层口感与颜色不同的茶冻。

单层茶冻，茶汤与咖啡混合，似布丁般顺滑，茶汤的滋味会被包裹在咖啡中；双层茶冻，茶汤鲜爽明显不苦涩，与咖啡的醇厚微酸的口感形成对比。另外还可添加增味辅料，如桂花蜜、红豆、可可粉，点缀后的饮品风味得到了加强。

供稿单位：听客茶调饮培训中心

图18.13　生活的AB面

十四、无酒精鸡尾酒名称：柚惑（I Want to See You）

（一）主题创意说明

这是一款以西柚主为题的调饮，主题定位十分浪漫。柚子的诱惑，源于你的诱惑。爱情的酸和甜在每一次的"I want to see you"中呈现。

（二）作品点评

茶基底是创新型花茶系列的栀子红茶，香气呈现甜蜜的花香，配合西柚酸甜的滋味特点，营造出酸酸甜甜的恋爱气氛。将整片西柚对折放入时尚的香槟杯，与杯身完全贴服，载杯的设计也凸显出色彩的美感，香槟杯是有折射效果的设计，通过光影的变换表达出相互吸引的诱惑（柚惑），是一款流行与年轻恋人之间的创意饮品。

供稿单位：浙江素业茶院

图18.14　柚惑

Ji Wei Jiu De Tiao Zhi Yi Jian Shang

十五、无酒精鸡尾酒名称：东方美人的韵致（The Charm of Oriental Beauty）

图18.15　东方美人的韵致

（一）主题创意说明

有一种惊艳叫东方美人，诗词里的"新月如佳人，澈澈初弄月""委委佗佗美也，皆佳丽美艳之貌"……这些充满诗意的词句皆描写了东方美人的惊艳与绝色。用东方美人（白毫乌龙）为基底调制的这款茶饮就如东方美人般充满韵致。

（二）作品点评

这是一款鲜果调茶饮，石榴有鲜艳夺目的色彩，山竹是乳白的色调，茶基底选用具有浓郁花蜜香的东方美人（白毫乌龙）。汤色呈现深橙红，用来调和石榴与山竹的新鲜果汁，令饮品色彩和谐统一。滋味清甜有蜜韵，果肉有适度的沙质感，增加饮品的丰富度。载杯时配合干冰释放雾气，是夏日理想的饮品。

此作品获第四届茶奥会茶+调饮产品组一等奖。

供稿单位：博多控股

参 考 文 献

1. 吴克祥,范建强.吧台酒水操作实务[M].沈阳:辽宁科学技术出版社,1997.

2. 酒窝网. http://www.95bd.com.

3. 白兰地品鉴成家秘诀,你与专家的距离并不遥远. https://www.sohu.com/a/35706 1190_100051959?scm=1002.44003c.fe020c.PC_ARTICLE_REC.

4. 酒哥吃喝:威士忌入门,世界威士忌的主要分类? https://baijiahao.baidu.com/ s?id=1637472449749359880.

5. 你们说得都对,但究竟喝单一麦芽还是调和威士忌? http://www.360doc.com/co ntent/19/0801/16/55690380_852401218.shtml.

6. 杜绍斐.为什么一开口,我就知道你根本不懂威士忌? https://baijiahao.baidu. com/s?id=1603535088433667088.

7. 有颜色. http://www.youyanse.com/.

8. 你喝的"苏联红"伏特加其实是个卢森堡牌子. https://www.sohu.com/a/ 244725096_676413.

9. 张礼骏.墨西哥龙舌兰酒之母及其文化起源. https://www.thepaper.cn/news Detail_forward_4042055.

10. 关于鸡尾酒的N个问题. http://fashion.sina.com.cn/l/ts/2015-05-31/0920/doc-iavxeafs7796881-p3.shtml.

11. 为了纪念爱与幸福:白兰地亚历山大(BrandyAlexander). http://fashion.sina. com.cn/l/ts/2015-05-31/0920/doc-iavxeafs7796881-p2.shtml.

12. 全世界的冬季,都融进一杯热酒里. https://baijiahao.baidu.com/s?id=162090884 2746360825&wfr=spider&for=pc.

13. 最经典的鸡尾酒之一"威士忌酸"会是你的夏日新选择吗? https://www. thetigerhood.com/whiskey-acid/.

14. "男人的鸡尾酒"——曼哈顿. https://www.sohu.com/a/75240998_409134.

15. 六大基酒所调制的18款知名鸡尾酒,看看有没有你爱喝的. https://baijiahao.baidu. com/s?id=1605046756772975970&wfr=spider&for=pc.

16. Rob Roy. "硬汉"鸡尾酒的3种点法. https://www.sohu.com/a/221677937_660716.

17. 古典鸡尾酒,到底有多经典? https://www.sohu.com/a/303469212_100054799.

18. "一杯马天尼,摇匀,不要搅拌". https://baijiahao.baidu.com/s?id=16221458947 17792619&wfr=spider&for=pc.

19. 每一杯鸡尾酒都有一个故事. http://www.pinlue.com/article/2017/08/3015/494338198601.html.

20. 手调撩妹鸡尾酒——新加坡司令. https://baijiahao.baidu.com/s?id=1637207496050126727&wfr=spider&for=pc.

21. 世界十大经典鸡尾酒. https://www.sohu.com/a/116556334_514317.

22. 年轻人最喜欢的20款鸡尾酒,再不喝就老了! https://www.sohu.com/a/21547838_115630.

23. Cosmopolitan(大都会)——女生都爱的鸡尾酒. https://baijiahao.baidu.com/s?id=1602496698955678473&wfr=spider&for=pc.

24. Mojito承载古巴人的微醺与浪漫. https://baijiahao.baidu.com/s?id=1669711586756115024&wfr=spider&for=pc.

25. 自由古巴鸡尾酒丨一杯可乐的最好归宿. https://baijiahao.baidu.com/s?id=1644468678438585852&wfr=spider&for=pc.

26. 从荧幕上走红世界的12款鸡尾酒. http://jiu.163.com/14/0202/08/9K2LH2J900824IRI.html.

27. 长岛冰茶——来自水瓶座浪漫热烈的爱. https://baijiahao.baidu.com/s?id=1651786731787384810&wfr=spider&for=pc.

28. 龙舌兰日出:新的希望赋予我们无限能量. https://baijiahao.baidu.com/s?id=1647449832876642212&wfr=spider&for=pc.

29. 世界上最贵的8款鸡尾酒. http://m.finebornchina.cn/news/68733.html.

图书在版编目(CIP)数据

鸡尾酒的调制与鉴赏/潘雅芳主编. —上海:复旦大学出版社,2021.5
(复旦卓越. 21 世纪烹饪与营养系列)
ISBN 978-7-309-15561-7

Ⅰ.①鸡…　Ⅱ.①潘…　Ⅲ.①鸡尾酒-调制技术-教材 ②鸡尾酒-鉴赏-教材　Ⅳ.①TS972.19

中国版本图书馆 CIP 数据核字(2021)第 091533 号

鸡尾酒的调制与鉴赏
JIWEIJIU DE TIAOZHI YU JIANSHANG
潘雅芳　主编
责任编辑/王雅楠

复旦大学出版社有限公司出版发行
上海市国权路 579 号　邮编:200433
网址:fupnet@ fudanpress.com　http://www.fudanpress.com
门市零售:86-21-65102580　团体订购:86-21-65104505
出版部电话:86-21-65642845
上海丽佳制版印刷有限公司

开本 787×1092　1/16　印张 12.5　字数 259 千
2021 年 5 月第 1 版第 1 次印刷

ISBN 978-7-309-15561-7/T·693
定价:45.00 元